教育部人文社会科学研究青年基金项目：
民族学视域下的海南黎族服饰谱系研究（项目编号：23YJC760005）

海南黎族服饰文化与传统技艺研究

曹春楠——著

中国纺织出版社有限公司

内 容 提 要

本书以黎族服饰文化为核心，系统梳理其历史脉络、工艺特色及现代创新。全书共六章，第一章解析服饰发展史、文化内涵及五大方言区的符号差异，凸显纺、织、染、绣四大工艺对棉纺织技术的贡献；第二章至第四章聚焦传统技艺保护，详述纺织、刺绣的传承挑战，探讨服饰与社会生活及审美的互动关系；第五章结合现代时尚设计，分析黎族元素创新案例，探索传统技艺与科技融合路径；第六章提出数字化技术、文创产业及教育体系驱动的国际化发展策略。

本书兼具学术性与实用性，既为海南黎族服饰文化领域的研究者提供了参考依据，也拓宽了设计师与高校师生探究传统与现代融合的创作视野，还可助力少数民族非遗的活化传承与可持续发展。

图书在版编目（CIP）数据

海南黎族服饰文化与传统技艺研究 / 曹春楠著 .
北京：中国纺织出版社有限公司，2025.5 -- ISBN
978-7-5229-2745-9

Ⅰ. TS941.742.881

中国国家版本馆 CIP 数据核字第 2025SQ8469 号

责任编辑：亢莹莹　　责任校对：高　涵　　责任印制：王艳丽

中国纺织出版社有限公司出版发行
地址：北京市朝阳区百子湾东里 A407 号楼　邮政编码：100124
销售电话：010—67004422　传真：010—87155801
http://www.c-textilep.com
中国纺织出版社天猫旗舰店
官方微博 http://weibo.com/2119887771
北京通天印刷有限责任公司印刷　各地新华书店经销
2025 年 5 月第 1 版第 1 次印刷
开本：787×1092　1/16　印张：13.5
字数：216 千字　定价：78.00 元

前言

海南黎族作为我国重要少数民族之一，其独特的服饰文化与传统技艺在中华民族传统文化艺术的多样性中占据着重要地位。黎族服饰文化不仅反映着黎族人民的生活方式、社会结构、审美观念，也承载着黎族历史的记忆与传承。黎族传统服饰以手工纺织、织锦、刺绣、染色等技艺闻名，这些技艺的传承与发展见证了黎族人民世代智慧的积累与文化持续性。随着现代化进程加速，黎族传统服饰文化面临着巨大挑战。一方面，工业化生产的服饰大量涌入，使传统手工艺制作的服饰因成本较高、时间消耗较长等问题而日渐减少；另一方面，随着文化同质化现象加剧，年轻一代对传统文化的继承与发展缺乏足够的兴趣与文化认知，造成传统服饰技艺的传承人越来越少。这种趋势不仅影响着黎族文化的传承，也影响到黎族人民聚居地区的社会结构与文化认同。全球化带来的文化交流为黎族服饰文化的创新传播与发展提供了新机遇。在国际舞台上，人们对民族文化的兴趣日增，黎族服饰凭借独特的美学、工艺，在世界民族服饰中占据了一席之地。通过国际展览、文化交流项目等平台，黎族服饰文化得以向外界展示其独特魅力，促进文化旅游与地方经济的发展。因此，研究黎族服饰文化与传统技艺的发展、保护与创新，不仅是对黎族文化遗产的保存，也是对全球文化多样化发展的助力。

本书旨在深入探讨海南黎族服饰文化的历史演变、工艺特征、文化意义及其在当代社会的创新发展。通过对黎族传统服饰文化的全面研究，希望能揭示黎族服饰文化在黎族社会中扮演的角色及对外界的影响，探索其在现代设计中的应用潜力。

本书力求提供全面、深入的视角，研究内容不仅是对海南黎族服饰文化与传统技艺的记录，更是对未来发展的展望。期待本书能为广大读者提供宝贵的信息与启发，为致力民族文化研究、民族服饰设计、文化遗产保护的专业人士提供理论支持。也希望本书能激发更多人对黎族文化的兴趣与尊重，共同参与海南黎族服饰文化的保护与发展中。

本书在编写过程中参阅了相关专业资料，在此向相关作者表示衷心的感谢。由于编写时间有限，书中疏漏之处，请读者批评指正。

曹春楠

2025 年 2 月

目录

CONTENTS

第一章

黎族服饰文化

第一节

黎族服饰的发展历史

　　黎族的服饰文化是海南岛独特的文化象征之一，丰富多样的传统服饰不仅体现着黎族人民的审美观念与生活方式，还深刻地记录着黎族社会历史的演变。黎族可分为五个主要支系："润方言""哈方言""杞方言""美孚方言""赛方言"。这些支系不仅在地理位置与文化特征上存在差异，而且在服饰款式、图案、材质、长度、装饰上展现出独特性。20世纪50年代，民族调查揭示了黎族服饰在各支系之间的微妙联系及历史发展轨迹。不同支系服饰在外观上有显著的区别，这些差异表明了黎族在不同历史时期的社会、文化发展状态。"润方言"服饰设计最为古老，体现着黎族最传统的生活方式与文化；"赛方言"服饰显示了较强的外来文化影响，采用了部分汉族的服饰元素。服饰演变过程从最简单的贯首衣发展到复杂的开胸无纽衣，再到有领有纽的现代化服装，反映着黎族逐渐从封闭到开放的文化交流与社会变革。服饰中的花纹从复杂逐渐向简化转变，最终被简单的布条取代，整个变化过程不仅体现着审美的变迁，也反映着生产材料与技艺的发展。通过对黎族各支系服饰发展的深入分析，发现黎族服饰不仅是生活的需求，也是族群历史与文化变迁的直观反映。服饰变化揭示着黎族人民在适应环境、接受新影响、保持传统中所做的努力。这种丰富的服饰文化与历史演变可为人们理解黎族社会提供独特的视角。

一、地理分布与称呼层面的文化标识

　　黎族服饰的历史不仅反映着文化的丰富性，还揭示了黎族人民在海南岛的不同地理环境中形成了独特的文化标识。在地理分布与文化影响方面，从

五指山的中心向外辐射至海南岛的南部沿海地区，这种从中心到外围的分布模式不仅影响着黎族各支系的生活方式，也深刻影响着服饰文化。其中，润方言族群位于五指山地区核心地带，这种地理特性使其能较为完整地保留古老的文化与服饰传统，他们的服饰以传统的贯首衣为主，这种服装风格保留了较多的黎族文化原始元素。五指山外围的杞方言、美孚方言，因频繁接触外来文化，其服饰逐渐呈现出诸多变化，如简化的图案与更开放的服装款式。美孚方言位于昌化江的中下游，其服饰受到汉文化影响较大，从采用开胸无纽的上衣，显示出从封闭向开放转变的文化趋势。最外围的赛方言，主要分布在海南岛东南部沿海地区，由于地理位置的开放性与外来文化影响的深入，他们的服饰已经融入了诸多汉族元素，如汉装式样的上衣、长筒裙，服饰变化最为显著，反映着强烈的文化融合与适应外来文化的能力。在称呼与文化身份方面，从称呼上看，润方言被称为"本地黎"，意味着润方言地区是土生土长的黎族人，该称呼不仅标志着他们的地理位置，还象征着他们在文化传承上的"纯正性"。居住在五指山外围的黎族如美孚方言、赛方言，因地理位置不同而有着不同的文化身份，美孚方言被称为"住在下路的客人"，这一称呼反映着他们处于更开放的地理位置，更易受到外来文化的影响。最外围地区的赛方言，由于更接近海南岛的沿海部分，在文化接触中扮演着"文化前哨"的角色，这一位置使赛方言在文化融合观念上走在了黎族的前列。

二、服装款式上的发展进程

黎族服装演变与发展反映着黎族历史、地理、文化交流的变迁。从古老的"润方言"服饰到现代化的"赛方言"装扮，黎族服装历史不仅是服装样式演变，也是黎族与外界交流、进行文化融合、适应环境变化的历程。

润方言服饰作为黎族最古老的服装款式，独具特征。润方言服饰通常由宽松的贯首衣构成，在妇女服装中，贯首衣设计旨在提供足够的活动自由度，也体现了黎族人民对传统审美的坚持。这种上衣无领，开口宽阔，在衣服的开口边缘、下摆及袖口处镶嵌精美的织锦花边。黎族妇女常佩戴绣花头巾与精雕细刻的牛骨发簪，这些装饰品不仅具有实用功能，更是社会地位与文化认同的象征。贯首衣设计极为简约，通常由两块布料简单缝合而成，领口中央设有一个穿头孔，衣服的款式源远流长，可追溯至汉代以前，如《汉书·地理志》中所描述的贯头衣。这种服装的持续使用彰显了黎族对传统文化的坚持与自我认同。

杞方言与美孚方言服装展现了传统服饰文化的变化与适应性。杞方言服装在传统服装基础上开始简化，上衣开胸无纽，采用自织自染的黄麻制作，反映着黎族人民在对外交流中逐渐吸收新技术、新观念。杞方言服饰中具有装饰性的银牌样纽扣，也体现着外来文化的影响渗透。美孚方言服装更为复杂，展示了黎族在技艺方面的发展，如扎染法、织锦技术的应用。这些技术不仅能增强服装的美观性，也能提高服装的实用性。美孚方言服装的特点是衣领的初步形成与复杂的图案设计，这些都是黎族与外来文化互动的直接结果。

赛方言服装的现代化程度最高，体现着黎族在文化融合方面的前瞻性。男女服装均已接近汉族风格，女性上衣转变为汉服式右衽有领设计，下身的长筒裙简化了传统图案，采用了简单的横线条形设计。这种变化不仅体现了赛方言地区黎族人民对汉族文化的接受，也反映了黎族在文化开放中的较高适应性。

总体而言，黎族服装的发展是一个由内而外、由传统到现代的演变历程。整个过程不仅涉及服装本身的样式与制作技术，更反映着黎族在不同历史时期对内部、外部影响的响应。通过对服装变迁的研究，可深入理解黎族文化的复杂性、多样性。

第二节

黎族服饰的种类与特点

一、基本服饰类型与结构

黎族服饰体现着其文化的丰富性和历史的深度，其中服装类型与结构尤为独特，展示着黎族在适应生活环境和文化传统上的独到见解。黎族基本服饰类型可分为几种主要形式：男女通用的贯首衣，女性特有的短筒裙与男性的筒裤。贯首衣是一种简单上衣，由两块布料制成，中间留有一个可使头部穿过的孔，无领且不设纽扣，衣服两侧开放，这种设计便于穿着、活动，可满足黎族人民在热带雨林中的生活需求。女性的短筒裙长度仅至大腿，采用鲜艳的布料制成，上面绣有复杂图案，往往具有特定的文化、图腾寓意，反映着黎族深厚的艺术与文化底蕴。男性筒裤则是较为宽松的裤型，允许在炎热潮湿的环境中进行农耕与狩猎活动。黎族服饰特别注重头饰等饰品的使用，男女均喜欢使用绣花头巾、雕刻精美的牛骨发簪来装饰，这些头饰不仅是实用的日常用品，也是社会地位与个人身份的标志。在特定节日、仪式中，黎族人民会穿着特制的节日服装。服装精美且复杂，使用较多的刺绣、装饰品，从而展现节日的庆祝氛围及对祖先的敬仰。黎族服饰的特点是对自然材料的使用，如棉麻布料、天然染料、植物纤维等，不仅反映着黎族人民对自然资源的依赖，也体现着黎族人民的生态哲学与可持续发展理念。黎族服饰不仅是文化身份与生活方式的体现，也是艺术表达与社会组织的重要组成部分，每一种服装、饰品都蕴含着丰富的文化内涵与历史价值，是对黎族文化深度理解的重要窗口。

二、不同服饰的差异性

黎族主要分布在海南岛中南部五指山腹地的六县三市，即琼中黎族苗族自治县、保亭黎族苗族自治县、白沙黎族自治县、陵水黎族自治县、乐东黎族自治县、昌江黎族自治县、三亚市、五指山市、东方市等，也有部分散居在海口市、儋州市、琼海市、万宁市、屯昌县、澄迈县、临高县等地区。全岛陆地面积3.4万平方千米，黎族聚居地面积有1.79万平方千米，占全省一半以上。目前海南省少数民族人口144.57万人，占全省人口总数的16.67%。其中黎族人口127.73万人，占全省人口总数的14.73%。黎族人口在全国56个民族中位于第18位。黎族由于所处的地域、语言、服饰、生活习俗等的差异，内部又分为哈方言、杞方言、润方言、赛方言、美孚方言五大方言区。因多方面的差异，黎族服饰种类繁多。五大方言的黎族服饰具体如下。

（一）黎族哈方言服饰

黎族哈方言区主要分布在海南岛南部沿海、西部及偏内陆的山区，是黎族五大方言中人口最多、分布最广的一支。该区域地理环境极为复杂，语言丰富，哈方言在同一地区存在多种不同分支的杂居，据统计约有十二个分支土语。因此，哈方言服饰种类繁多，文化内涵丰富，区分标志复杂。哈方言服饰作为黎族服饰文化的重要组成部分，经历了漫长的演变与发展过程，充分体现了哈方言区黎族妇女巧妙的手工艺。哈方言服饰在实用性、艺术审美方面，都展现出了独特的风格。走进任何一个村庄，都可见到黎族哈方言妇女穿戴的多样化服饰，在盛装场合，色彩艳丽的织锦衣饰充分展现了哈方言区黎族人民的魅力（图1-1）。

哈方言服饰主要包括妇女、男子、儿童三类。黎族哈方言妇女服饰主要由筒裙、上衣、头巾、银饰组成。筒裙分为中筒裙、长筒裙、短筒裙，每种筒裙在长短、样式、色彩、图案上都有所不

图1-1　黎族哈方言服饰（作者绘制）

同。上衣一般是对襟式、无领，饰有边缘细节，款式上前摆长于后摆，背部常绣有族徽标志。哈方言妇女还会佩戴项圈、耳环等装饰品。在哈方言内部，由于语言、服饰、习俗不同，服饰种类丰富，一般以人物、动物、植物、生产工具、几何图案为主。黎族哈方言男子服饰由上衣、犊鼻裤、头巾组成。上衣采用对襟无纽扣、无领设计，分为短、中、长款，有长袖、短袖之分。制作上衣时，将两块布料从肩部开始缝合，中间留开襟，不设领口且无纽扣，后摆常饰以长达8~10厘米的流苏。地位较高的男子会头缠头巾，身着开襟衣，这种衣服的袖口绣有精美的花纹。犊鼻裤又名"丁字裤"，由一块三角形布料与几片不等长宽的矩形布构成，主要采用棉布、野生麻布制成。黎族哈方言儿童服饰重点在帽饰上。儿童帽子由织锦布料制成，装饰有精美的花纹，这种花帽在黎族男女幼儿中都非常流行，在女孩中十分常见。男孩头部前面或后面会留有一小块黑发，女孩会佩戴有黎锦的花帽。服饰差异与丰富的装饰细节不仅可展示黎族哈方言在文化、语言、地理环境多样性下的生活态度，也可反映黎族人民深厚的文化传统与对美的追求。

（二）黎族杞方言服饰

黎族杞方言服饰，基于保亭土语服饰、五指山土语服饰、琼中土语服饰、昌江王下土语服饰四大服饰群体，形成了独特的服饰体系。黎族杞方言服饰体现着黎族杞方言区的文化特征与地理分布的多样性。随着历史演进，受不同居住环境与外来文化的影响，杞方言服饰展现出多样化的面貌，涵盖传统与现代的交融，以及土语和区域风格的兼容。

杞方言妇女服饰主要包括短筒裙、中筒裙、长筒裙、上衣、头巾、银饰等（图1-2）。

根据不同的地理区域，杞方言

图1-2 黎族杞方言服饰（作者绘制）

妇女服饰分为两种主要样式：中筒或短筒裙配对襟上衣和长筒裙配右衽上衣。例如，在五指山市、琼中黎族苗族自治县、昌江黎族自治县、保亭黎族苗族自治县西北地区，妇女普遍穿着至膝部的中筒或短筒裙，配合开胸对襟上衣，在保亭黎族苗族自治县东南部与陵水黎族自治县西北部地区，常见长筒裙配右衽上衣。这些区域服饰图案丰富多彩，常以人物纹为主，融合了大量的动物纹、植物纹、几何图案，体现着黎族人民对祖先崇拜与自然崇拜的文化内涵。

杞方言男子服饰由吊襜裙、上衣、头巾组成。这些服饰主要使用海南岛的草棉或野生麻纤维制成，杞方言自称为"缠"，当地语言称为"襜"。吊襜裙的制作非常简单，由两块布片前后重叠，上片呈菱形，与一块方形布片缝合，形成独特的穿着方式。穿着时，菱形布片紧贴腰部，方形布片从后向前穿过两腿间，并在腹部前固定。男子上衣无领、无袖、无纽扣，通常为灰色，反映着杞方言男子对朴素实用服饰的偏好。上衣后下摆常附有流苏装饰，以此来增加服饰的美感。

杞方言儿童服饰与成人服饰相似，但在细节上进行了简化，从而适应儿童的活动需求。主要包括帽子与简单的衣裙，帽子由精美的织锦布料制成，装饰有丰富的花纹图案。一般使用大叶蒲葵编织的斗笠是杞方言儿童的特色头饰，这种斗笠不仅美观，而且加固了竹片，非常耐用，适合儿童在户外活动时佩戴。

杞方言服饰的多样性不仅反映着黎族人民在不同地理环境下的生活方式，也展示了黎族人民在长期的社会交往中，吸收其他民族的文化元素。在材料选择、服饰结构、装饰样式上，杞方言服饰都展现了黎族文化的复杂性。每一种服饰都不仅是人们日常生活的需要，也是对黎族文化认同与弘扬传统文化的表达方式。通过这些服饰，可窥见黎族社会结构、宗教信仰、美学观念的历史演变。

（三）黎族润方言服饰

润方言主要分布在白沙黎族自治县境内，其他市县无润方言。润方言妇女服饰"贯头衣"与我国古代西南部族"哀牢夷"服饰有深厚的历史渊源，汉代史籍中记载的"穿胸之民""穿胸人"指的是黎族人。据《汉书·地理志下》卷二八记载：海南岛儋耳、珠崖郡，"民皆服布如单被，穿中央为贯头"。

"贯头"之说，始于汉代，称穿衣"以贯头"，一直到宋代全岛都穿"贯头衣"。在宋代，黎族棉纺织业十分发达，被称为"以织贝为业"的黎族的棉纺织技艺已达较高技艺水平，该阶段，黎族服饰具有变化多样、色彩丰富、图案新颖等特点。目前，在白沙黎族自治县境内，润方言妇女依然身穿"贯首衣"，保留着古老的服饰款式。

黎族润方言妇女服饰由上衣、短筒裙、头巾构成。妇女上衣较为独特，采用宽大、稍短的"贯头衣"的古老服饰，领口呈"V"字形，无领、无纽扣、长袖，上衣两侧衣襟下摆处绣有精美的图案，上衣的袖口处也绣着花纹（图1-3）。

在上衣、下摆处绣的图案内容十分丰富，色彩协调绚丽，图案的花纹以人形纹、龙纹、蛙纹较为常见，也有鹿、鸟、黄猄及各种植物纹样，刺绣工艺精湛，想象力丰富，因图案正反面一样精致，故称为白沙黎族"双

图1-3 黎族润方言服饰（作者绘制）

面绣"。润方言妇女穿着短式筒裙，因为润方言区地理环境比较险恶，为便于行走于山区的小路，身穿的筒裙短而窄，根据各自的身材缝制而成。裙子要求紧贴腰部，裙摆短及大腿，上不能遮过小腹，下没有过大腿，穿戴时不需绑扎腰带。这种短筒裙一般由三幅彩织黎锦布料缝制而成，分别称为裙头、裙身、裙尾，但是同一条短筒裙的裙头、裙身、裙尾三部分的色彩图案各具特色，花纹图案以红色为基调，织有人形纹、鱼纹、蛙纹、牛纹等，想象力非常丰富，变化繁多，色彩新颖，光彩夺目。

黎族润方言男子服饰有上衣、吊襜裙、缠头巾。上衣因受汉族服饰文化影响较早，故男子多穿汉式服饰，部分服饰在汉服基础上改造而成，主要方法是：从汉族地区购买衣服，刺绣各种各样的黎族花纹图案，也会在小块棉布上用各色线刺绣黎锦图案，缝制到上衣的背部或者口袋、衣袖等作为装饰。润方言男子吊襜裙由前后各一块布料制作而成，与哈方言的"犊鼻裤"相似，但又有区别。润方言男子吊襜裙较为简单，规格不大，在穿戴时仅掩盖私密部位即可。润方言男子装束与其他方言的装束不同之处是用两块头巾包头，

用红而宽的头巾缠在里面，用蓝色或者色彩较深且较窄的头巾缠在外面，最后再扎一条织有蓝色花纹的小花缠，这样有红色与蓝色相互衬托，显得既协调又对比鲜明，美观大方。

黎族润方言儿童服饰讲究不多，在儿童4岁后，会有明显的男孩、女孩之别，俗话说"男孩趋素，女孩趋花"，女孩服饰与妇女服饰大致相同，多采用色线绣成，包括上衣、短筒裙、头巾。上衣采用传统的"贯头衣"款式，领口呈"V"字形，分中央前后开口，无领、无纽扣、长袖，上衣两侧的衣襟下摆处绣有精美的图案，色彩丰富，男童服饰没有丰富的色彩。女童到10~12岁，一般都要穿耳洞，也称为"儋耳"，穿耳洞时间大都在农历二月到三月，该时间段春暖花开，穿耳朵化脓概率较低。女孩到了15岁就开始文身。文身、绣面是一种习俗，在商周时代称为"雕题"。据《桂海虞衡志》记载：黎族"绣面乃其吉礼，女年将及笄，置酒会亲属，女伴自施针笔，涅为极细虫蛾花卉，而以淡粟纹编其余地，谓之绣面"。

（四）黎族赛方言服饰

赛方言区主要分布于保亭黎族苗族自治县东南部，陵水黎族自治县西北部，少量分布在儋州市、三亚市、琼中黎族苗族自治县，有"布配黎"之称，20世纪50年代末60年代初，在我国进行民族识别、语言调查后，发现赛方言服饰与其他方言一样具有悠久的历史。在漫长的历史发展过程中，服饰几度演变，除上衣外，筒裙基本保留着原有风貌。

黎族赛方言妇女服饰由长而宽的筒裙、蓝色上衣、黑色头巾，以及盛装时的月形项圈、项链等组成。筒裙大小根据每个人的高矮胖瘦而异。赛方言妇女在穿筒裙时，以裙子遮住小腿为宜，裙长一般为65~90厘米，裙宽为54~66厘米，有两种款式：一种是有裙头、裙尾筒裙，有图案色彩分为上下；另一种是不分裙头、裙尾筒裙，整条裙宽度基本一样，图案也不分上下。在穿筒裙时，先将套在身体一侧用一手抓握，另一手将裙子折回到臀部，将裙头边的一部分扎在身后，用裙带绑紧裙头即可。从而便于在臀部形成褶皱，裙底部也变得较宽，便于行走、工作。赛方言妇女上衣，各地差别不太大，目前主要有两种款式：一种是传统对襟上衣，主要是低领、对开襟、无纽扣的黑色上衣，由自织棉布制作，在裁剪时前襟长、背面短，领子与衣襟接口处两边各缝有一缕红色线，以供穿戴时系衣之用。另一种是右衽、高领、长袖、排纽上衣，俗称"包胸衣"（图1-4），这种上衣在黎族赛方言地区随处都可见到，具有浓郁的地方民族特色。

由于赛方言地理位置毗邻汉区，与汉族交往较多，受汉族服饰影响较早，故黎族赛方言男子服饰上衣多为汉服。过去男子装束比较简单，会把发髻置于额前，但不插发梳，一到冬天就会用深蓝色、黑色布巾缠头。男子上衣多由自织的棉布、麻纤维的粗布裁剪而成，对襟、无领、无纽扣、长袖，在胸前仅用一对小绳子代替纽扣。男子下身穿着不过膝的吊襜裙。吊襜裙裁剪非常简单，

图1-4 黎族赛方言服饰（作者绘制）

把两块布重叠裁剪即可，不用缝合，在穿戴时前后各一块，一般来说前长后短。黑色款式没有图案，灰色款式有暗纹。

赛方言女童服饰的上衣为右衽、低领、长袖、排纽扣，平肩绳边，衣的颜色多为蓝色、绿色，领边、襟边、袖口处绳一层白色或者红色花边，女童喜欢以红绳扎头发，下身穿着长筒裙，腰束彩带，垂于右侧。男童上衣着对襟或右衽无领短衣，前襟有排纽扣。早期穿吊襜裙，后改穿汉族的长裤，腰上束有布带。

（五）黎族美孚方言服饰

美孚方言区主要分布在海南岛西部的东方市、昌江黎族自治县境内，美孚方言服饰在黎族服饰中独树一帜，如开胸对襟上衣、绞缬染筒裙、独特的头巾等，都体现了黎族美孚方言服饰的个性。黎族美孚方言妇女服饰的筒裙以绞缬染织锦为主体或者以绞缬染织锦为主要部件构成，形成颇具特色的体系，丰富了黎族的服饰文化内涵。

黎族美孚方言妇女服饰主要由上衣、筒裙、头巾组成，上衣为对襟、无

纽扣、长袖，仅用一对小绳子代替纽扣，多为黑色或者深蓝色。服饰裁剪方法很特别，由两条左右同形的方布块构成，能遮住上身的前面两侧。两条布块在背面的正中央，从上到下缝在一起。衣领由一块宽约6厘米的长布裁剪而成，并直缝在衣服前侧一半的地方，领边还缝着白色的棉布作为装饰，衣服两侧的缝口、衣服袖边也用白色棉布缝制，在后背还加缝两条方布块，并且还缝在领后及衣领的两侧。这种款式是黎族美孚方言妇女服饰与其他方言妇女服饰最大的区别。黎族美孚方言妇女的筒裙主要有中老年筒裙、青年筒裙、儿童筒裙三种款式，中老年筒裙是由绞缬染织锦缝制而成的长筒裙。筒裙有黑、白两种花纹图案（图1-5），这两种颜色呈现有等级层次的色晕。

图1-5 黎族美孚方言服饰（作者绘制）

1978年，在我国福建武夷山市武夷船棺墓葬出土的纺织品、在新疆吐鲁番地区出土的东晋至唐代的丝绢棉织品，和在甘肃敦煌千佛洞壁画女供养人的衣裙上的团花图案和唐代人物服饰花纹《簪花仕女图》都是运用这种印染方法。这种布料与现代黎族美孚方言妇女的筒裙一样，被黎族称为纯扎染筒裙。青年筒裙是黎族青年姑娘所穿筒裙，比中老年筒裙色彩鲜艳，除了采用扎缬染织锦的深蓝色外，还使用各种有色彩的棉线，采用各种动物、花草图案。美孚方言妇女服饰筒裙的穿戴方法与赛方言妇女的穿戴方法基本一样，都要根据个人高矮胖瘦，把筒裙一端在腰部卷叠，在前面打一个褶然后系紧，一般筒裙长可及脚踝。美孚方言妇女服饰筒裙最长的一种由五幅面料缀缝而成。筒裙从上至下分为裙下（其他方言称裙头）、裙二、裙眼、裙花和裙头（其他方言称裙尾）。这五块布料除了裙花有彩色锦外，其他四块都为特色扎染黎锦。

黎族美孚方言男子服饰主要有上衣、下短裙、男子装束等，与黎族各方言男子服饰相比有很大的差别。美孚方言男子上衣与美孚方言妇女上衣基本相同，对襟、竖领、短袖、无纽扣，衣领有两块长方形布条，背部缀方布一块。黎族美孚方言男子服饰裁剪方法与女子服饰裁剪方法一样。由两条相同的方布遮住身子的前后两侧，两条布在背面的正中间，从上到下缝在一起，衣服前领、袖边由一种暗褐色棉布制成。褐色、黑色服饰融合可形成协调、美观大方的美感，整个上衣仅有一个纽扣，有时没有纽扣，仅用一条小绳子代替纽扣。美孚方言男子装束具有鲜明的特点，把长头发绾在脑后成为发髻，并在脑后稍微高一点的地方将发簪插入发髻，有时用一根豪猪刺，有时用针形的骨片，骨片上雕刻有简单的几何图案，并涂有黑色。美孚方言男子有时候也用白布来代替头巾或者头戴棕榈树叶做成的大斗笠等。

黎族美孚方言男童服饰与成年男子服饰相同。女童的筒裙有纯绞缬染的筒裙，也有彩织筒裙，比美孚方言妇女服饰的色彩更加丰富，有常服与特殊用途的女童服饰之分。黎族美孚方言妇女服饰图案多为日常生活中的植物及景象。如主花纹，黎语称为"联庞敢"和"联庞杠"，"联庞敢"意思为这种花织有钩刀图案，"钩刀"代表男性；而"联庞杠"意思为这种花织有镰刀图案，"镰刀"代表女性。"联庞敢"和"联庞杠"两种款式的筒裙，在黎族美孚方言地区用途较广，它既是常服又有特殊的用途。比如，在青年男女将要结婚时，男方须准备好"联庞敢"和"联庞杠"的筒裙各一条送给女方，作为订婚礼物，如果女方愿意接受这两条筒裙，表示双方婚姻顺利。如果日后女方退婚，就应把"联庞敢"和"联庞杠"的筒裙还回男方，说明这次订婚失败。

三、材料与制作工艺的特色

（一）天然材料的运用

黎族传统服饰在材料选择上充分体现着对自然资源的巧妙利用与深刻理解，其主要特色在于对天然材料的广泛应用。黎族人民居住在海南岛的热带雨林地区，那里植物资源丰富，为黎族人民提供了丰富的纺织原料。黎族人民善于利用棉、麻、树皮纤维、蚕丝等天然材料进行纺织与服饰制作。树皮布制作工艺，是黎族独有的传统技艺。将特定树种的树皮经过浸泡、捶打等物理处理，制成柔软且富有韧性的布料。这种布料具有良好的透气性与吸湿性，适应当地湿热的气候环境。黎族人民还利用野生蚕茧抽丝，手工纺织成丝绸，用于制作高档服饰。天然染料的运用也是黎族服饰材料的特色。从植物中提取染料，如蓝靛草用于染蓝色，红木和黄檀用于染红色、黄色，通过多次浸染、日晒，可赋予织物持久而鲜艳的色彩。天然染色方法不仅环保，还使服饰呈现出独特的色彩层次与质感。在材料处理上，黎族人民采用了原始、高效的工艺，如手工纺纱、腰机织造等。这些工艺充分利用天然材料的特性，既可保持材料的自然属性，又能提升服饰的实用性、美观性。通过对天然材料的运用，黎族服饰充分展现了人与自然和谐共生，以及人们对生态环境的尊重和保护。这种材料选择与工艺实践，不仅可满足黎族人民的生活需要，还承载着丰富的文化内涵和民族精神，具有重要价值。

（二）传统染色工艺

黎族传统染色工艺作为黎族服饰文化的重要组成部分，体现着黎族人民对自然资源的运用与对色彩艺术的深刻理解。该工艺以天然植物染料为基础，结合复杂精细的技术手法，可创造出色彩斑斓、图案丰富的纺织品，具有较高的艺术性与文化价值。

首先，黎族人民善于利用当地丰富的植物资源提取天然染料。黎族人员从蓝靛草中提取蓝色染料，从红木、黄檀等植物中提取红色、黄色染料。天然染料具有环保、无毒的特点，既符合生态可持续发展理念，又能赋予织物纯正持久的色彩。植物染料选择体现着黎族人民对自然环境的深刻认识及对资源合理利用的智慧。

其次，在染色工艺方面，黎族人民发展出独特、复杂的技术流程。黎族人民采用多次浸染方法，通过控制染液浓度、浸泡时间、温度，可达到理想的色彩效果。在蓝靛染色过程中，需经过发酵、还原、氧化等一系列化学反应，使染料分子牢固地结合在纤维上。这种精湛技艺需要人们具备丰富的经验与高度的技巧，是代代相传的宝贵遗产。

再次，黎族传统染色工艺与纺织技术相结合，可创造出丰富多彩的图案、纹样。黎族人民运用扎染、蜡染等手法，在织物上形成独特的几何图形与动植物纹样。这些图案不仅美观大方，还承载着黎族的历史、信仰和审美观念。如图案中的太阳、鸟兽、植物等符号，象征着对自然万物的崇敬与对美好生活的向往。

最后，黎族的染色工艺具有鲜明的地域特色与民族风格。由于地理环境、文化背景的差异，不同地区的黎族在染料选择、染色方法上各有特点。染色多样性丰富着黎族服饰的文化内涵，体现着民族文化的多元性与包容性。传统染色工艺主要通过家庭、村落内部的口传心授方式传承，以此来强化社区的凝聚力与文化认同感。

综上所述，黎族传统染色工艺以对天然材料的巧妙运用、复杂精细的技术流程、丰富的文化内涵，充分展现了黎族人民的智慧与创造力。不仅是民族服饰的重要组成部分，也是研究中国少数民族文化与传统手工艺的宝贵资源。保护和传承黎族传统染色工艺，对弘扬民族文化、促进文化多样性具有重要的意义。

（三）精湛的手工织锦

黎族手工织锦是中国纺织史上的瑰宝，被誉为"纺织工艺的活化石"，精湛的技艺与丰富的文化内涵令人叹为观止。黎族妇女在简单的腰机上，运用复杂的工艺，织就了色彩斑斓、图案精美的黎锦，充分展示了黎族人民的智慧与艺术创造力。首先，黎族织锦工艺复杂，技法精湛。织锦采用原始腰机进行制作，这种织机结构简单，但操作难度极高。在织锦过程中，织者需将腰机的一端系在腰间，另一端固定在树上或柱子上，通过身体的前倾后仰来控制经线的张力。这种织法要求织者具备高度的协调能力与熟练技艺，任何细微的失误都会造成图案偏差。因此，黎族妇女从小就开始学习织锦技艺，经过长期练习才能掌握。

其次，黎族织锦图案丰富多样，寓意深刻。织锦图案主要包括几何纹样、动植物形象、神话传说等。这些图案既是装饰，也是传统文化的载体，反映着黎族人民的审美观、世界观。例如，几何纹样中的菱形、三角形等，象征着宇宙的基本元素；动植物图案如鸟、鹿、花卉等，寓意吉祥、繁荣；神话传说图案承载着民族的历史记忆与精神信仰。这些图案设计、编织需织者在心中先构思，并通过精确的计算与娴熟的技艺将其呈现在织物上。

再次，黎族织锦在色彩运用上独具特色。黎族人民善于利用天然植物染料进行染色，如蓝靛草染蓝色，红木、黄檀染红色、黄色。通过多次浸染、复杂的染色工艺，织物呈现出色彩鲜艳、层次丰富的效果。色彩搭配既体现了织者的审美情趣，也可增强织锦的视觉冲击力。天然染料使织锦具有环保、健康的特点，体现着黎族人民与自然和谐共生的理念。整个织锦过程包括纺纱、染色、织造等多个环节，每个环节都需要织者全身心投入。在织造阶段，织者要一边记忆复杂的图案结构，一边手工操作织机，保证图案准确与织物质量。这种高度集中的手工劳动，使每一件黎锦都成为独一无二的艺术品，凝结着织女的心血和智慧。

最后，黎族手工织锦传承具有重要意义。织锦技艺主要通过母女、婆媳之间的口传心授得以延续，是黎族女性社会角色、家庭教育的重要内容。织锦不仅是经济生活的组成部分，也是民族身份、文化认同的象征。在现代化进程中，虽然机械纺织逐渐普及，但黎族人民仍坚持手工织锦的传统，体现着对文化遗产的珍视与保护。

综上所述，黎族精湛的手工织锦以其复杂的工艺、丰富的图案、深厚的文化底蕴，充分展现了黎族人民的智慧与艺术创造力。不仅有助于弘扬民族文化，促进文化多样性，也为中国纺织艺术发展提供了宝贵的资源。

（四）独特的刺绣技艺

黎族刺绣技艺是黎族服饰文化中不可或缺的组成部分，展现着黎族人民高超的手工技艺与丰富的审美情趣。黎族刺绣以独特的技法、鲜明的民族特色、深刻的文化内涵，成为我国少数民族刺绣艺术中的瑰宝。首先，黎族刺绣技艺独特，工艺精湛。黎族妇女运用传统手工刺绣技法，在纺织品上以丝线绣出精美的图案。常用平绣、挑绣、锁绣等技法，结合线条的疏密、针脚的长短，创造出立体感强、层次丰富的纹样。这些技法需制作者具备高超的技巧与丰富的经验，是长期实践与代代传承的结果。其次，黎族刺绣图案具有鲜明的民族特色与深刻的象征意义。刺绣图案多取材于自然生活，如花卉、鸟兽、几何纹样等，寓意吉祥、幸福、丰收。例如，绣在衣物上的蝴蝶象征着自由、美丽，几何图案体现着黎族对宇宙万物的理解与哲学的思考。这些图案不仅美观，还承载着黎族人民的文化信仰与价值观。再次，刺绣材料选择色彩的运用独具匠心。黎族刺绣多使用天然的丝线、棉线，色彩鲜艳、对比强烈。黎族人民善于利用天然植物染料为丝线染色，使色彩更为持久，且富有质感。色彩搭配注重和谐与对比，在突出主要纹样的同时，丰富了艺术视觉效果，从而可增强刺绣作品的艺术感染力。黎族刺绣在服饰中的运用体现着功能性与美观性结合。刺绣被广泛应用于衣服领口、袖口、胸襟、裙摆等部位，不仅起到装饰作用，还具有巩固缝合、加强耐用性的功能。刺绣布局、尺寸经过精心设计，既符合人体工程学，又凸显服饰的美感、实用性。最后，刺绣技艺传承方式具有重要的社会与文化意义。

综上所述，黎族独特的刺绣技艺以精湛的工艺、丰富的图案、深厚的文化底蕴，已经成为民族服饰文化的重要组成部分。刺绣技艺保护和传承对弘

扬民族文化、促进文化多样性具有重要意义。在现代化进程中，需加强对黎族刺绣技艺的研究与宣传，从而推动其在新时代背景下焕发绚丽的光彩。

（五）工艺的世代传承

黎族的服饰制作工艺是集纺织、染色、刺绣等多种技艺于一体的综合性传统手工艺，其精髓是世代相传的技艺传承方式。这种传承不仅可保护黎族独特的文化遗产，也体现着民族精神与社会结构的独特性。首先，黎族服饰工艺传承主要依靠家庭内部的口传心授，在母女、婆媳之间进行。以家庭为单位的传承方式，可确保技艺的纯正性。年幼的女孩在日常生活中，耳濡目染地接触到纺织、染色、刺绣等技艺。在长辈指导下，她们从基础纺纱、简单的针法开始学习，逐步掌握复杂的图案设计、工艺技巧。这种潜移默化的学习过程，使技艺的传承自然且深刻。其次，技艺传承过程中强调实践与经验积累。黎族纺织、刺绣技艺复杂精细，需要长期练习才能掌握。年轻一代在学习过程中，不仅要模仿长辈的手法，还要理解其中的技巧原理。例如，在织锦过程中，需记忆复杂的图案结构，掌握腰机的操作技巧及控制织物的紧密度。这些都需要在实践中不断尝试、纠正，逐步达到熟练的程度。再次，技艺传承与文化教育相结合。在传授技艺过程中，长辈会讲述与图案相关的神话传说、历史故事、民族信仰，使技艺传承不仅是技术层面的教学，也是文化、精神层面的传递。通过对图案寓意的理解，可增强年轻一代对民族文化的认同感与归属感。例如，刺绣中动植物图案不仅是装饰，也是民族图腾、文化符号的体现。最后，技艺传承还受到社会环境、文化习俗的影响。在黎族社会中，女性在家庭和社区中扮演着重要角色，因此，纺织、刺绣技艺的掌握被视为女性贤淑与才艺的体现。在婚嫁等重要社会活动中，女性制作的服饰、织锦作品被视为珍贵的嫁妆、礼物。这种社会认可和价值观念，激励着年轻一代投入技艺的学习传承中。技艺的世代传承对黎族文化延续发展具有重要意义，不仅可保护珍贵的民族文化遗产，也可为现代社会提供丰富的文化资源与艺术灵感。通过技艺传承，黎族人民得以保持独特的民族身份与文化自信。综上所述，黎族服饰工艺世代传承是一个复杂的过程，涉及家庭教育、文化认同、社会价值观、经济环境等多重因素。保护促进文化传承，不仅有助于弘扬民族文化，增强文化自信，也可为社会的多元化与文化可持续发展提供宝贵的经验和启示。

第三节

黎族服饰的文化内涵

一、服饰图案与象征意义

（一）动植物纹样的象征含义

黎族服饰中的动植物纹样是黎族传统文化内涵的重要体现，蕴含着丰富的象征意义与民族情感。动植物纹样不仅是装饰元素，也是黎族人民对自然万物的崇敬和对美好生活的向往的表达。首先，黎族人民与自然环境有着密切联系，其生活在海南岛的热带雨林、山区，动植物资源丰富。服饰上的动植物纹样反映着黎族人民对周围环境的深刻认识与情感寄托。例如，鸟类纹样在黎族服饰中经常出现，象征着自由、灵性、吉祥。鹧鸪、孔雀等鸟类图案常被绣在女子衣裙上，寓意女性的美丽高贵。其次，植物纹样如花卉、树叶、果实等，也是黎族服饰中的关键元素。动植物纹样不仅起到美化服饰的作用，还具有象征生命力与繁荣的意义。例如，绣在服饰上的芭蕉叶、棕榈树，象征着顽强的生命力与对家乡的热爱；花卉图案寓意着青春、美丽、纯洁。再次，动物纹样如鹿、鱼、蝴蝶等也会出现在黎族服饰中。鹿被视为神圣的动物，象征着长寿、幸福；鱼代表着丰收、富足；蝴蝶寓意着爱情、自由。这些动物纹样不仅美观，还承载着黎族人民的信仰、价值观。黎族动植物纹样还具有教育传承功能。通过在服饰上绣制动植物纹样，长辈们向年轻一代传递着民族历史、传说、文化内涵。每一种动植物纹样都有着传奇的故事与美好的寓意，这些故事在口头、手工艺中得以延续，从而成为民族文化传承的重要载体。最后，这些动植物纹样的象征含义也体现着黎族人民的审美观和艺术创造力。黎族人民善于从自然中汲取灵感，将动植物形象与抽象艺术手法相结合，创造出独特的纹样风格。纹样设计既注重形

象逼真，又融入了对称、平衡等美学原则，体现了较高的艺术水准。综上所述，黎族服饰中的动植物纹样承载着丰富的象征意义，反映着黎族人民对自然的崇敬、对生活的热爱、对美好未来的向往。动植物纹样不仅是服饰的装饰元素，更是民族文化的重要组成部分，具有深刻的文化内涵与艺术价值。

（二）几何图案与宇宙观念

黎族服饰中运用几何图案，不仅展现着较高的艺术审美水平，也蕴含着深刻的宇宙观念、哲学思考。几何纹样通过对线条、形状、结构的巧妙组合，表达着黎族人民对宇宙万物的理解和对生命本质的探索。第一，几何图案如菱形、三角形、螺旋形、对称结构等，是黎族服饰纹样的主要元素。菱形图案常被视为土地、女性的象征，代表着孕育、生长；三角形被赋予了山峰、男性的寓意，象征着力量与稳定。通过基本形状的运用，黎族人民将自然元素融入服饰中，体现着对天地万物的崇敬。第二，螺旋形、循环图案在黎族服饰中也占据关键地位。这些图案象征着时间的循环、生命的延续、宇宙的无限。螺旋形纹样代表着太阳的轨迹、季节的更替或生命的轮回，反映着黎族人民对宇宙运行规律的思考和理解。第三，对称、重复是黎族几何图案的特点。这种对称性不仅追求美学上的平衡，更体现着黎族人民对宇宙秩序与和谐的追求。对称的纹样结构寓意着阴阳平衡、天地融合，表达着黎族人民对自然和社会秩序的认同与期望。第四，几何图案可用来传达特定的符号信息。例如，交叉的线条象征着道路交汇，寓意着人与人之间的联系和交流；方形框架代表着家园安全，体现着黎族人民对家庭、社区的重视。通过抽象的图案，黎族人民可将复杂的哲学思想与社会观念形象化地呈现在服饰上。第五，几何图案运用也体现着黎族人民高度的抽象思维与艺术创造力。在有限的空间、色彩中，通过简单的形状、线条，可表达出丰富的内涵与深刻的思想。这种艺术手法不仅可增强服饰的美观性，也使服饰成为文化传承、思想表达的载体。综上所述，黎族服饰中的几何图案与宇宙观念密切相关，反映着黎族人民对自然、宇宙、生命的深刻理解。这些图案不仅具有装饰价值，更承载着民族的哲学思考、文化内涵，是黎族服饰文化的重要特色。

（三）图腾符号与民族身份认同

黎族服饰中的图腾符号是民族身份认同的重要标志，体现着黎族人民对自身文化的认同与对祖先的崇拜。这些图腾符号通过服饰得以传承和弘扬，成为凝聚民族情感、维系社会关系的纽带。首先，图腾符号在黎族文化中具有重要地位，被视为祖先、神灵的象征。在黎族社会中，不同部落或氏族有各自的图腾，如特定动物、植物、自然现象等。这些图腾被视为祖先的化身，代表着部落的起源、历史。将图腾符号绣制在服饰上，是对祖先的尊敬及对族群身份的认同。其次，图腾符号在服饰中起到区分、识别的作用。通过服饰上的特定图案，黎族人民能辨认彼此的部落、氏族、家庭归属。图腾符号在社会交往、婚姻关系中具有重要的意义，有助于维持社会秩序与增强群体凝聚力。再次，图腾符号也是文化传承的载体。通过在服饰上展现图腾符号，长辈可向年轻一代传递族群的历史、传说、价值观。这些符号背后的故事、寓意，通过口头与手工艺方式得以传承，可增强民族文化的延续性。特定的祭祀服饰上会绣有神圣的图腾符号，象征着与神灵沟通和对超自然力量的敬畏。在重要节日仪式中，穿戴特定服饰被视为必不可少的环节，体现着宗教信仰与服饰文化融合。最后，图腾符号的运用也反映着黎族人民对文化保护和传承的重视。在现代社会多元文化的冲击下，传统文化面临着消失的风险。通过在服饰上保留、展示图腾符号，可表达黎族人民对自身文化的坚守与对民族身份的自豪感。综上所述，黎族服饰中的图腾符号是民族身份认同的体现，承载着丰富的文化内涵与社会功能。其不仅是装饰元素，也是维系民族情感、传承文化遗产、强化社会纽带的关键因素，对理解黎族文化具有重要意义。

（四）纹样组合的文化寓意

黎族服饰中的纹样组合并非随意排列，而是经过精心设计的，蕴含着丰富的文化寓意和审美理念。纹样组合通过对图案、色彩、结构的综合运用，表达着黎族人民的价值观、社会规范、人生哲学。首先，纹样组合体现着黎族人民对和谐与平衡的追求。在服饰设计中，不同纹样被巧妙地组合在一起，形成对称或均衡布局。这种设计理念反映着人们对自然与社会和谐的向往，寓意着人与自然、人与人之间的平衡关系。其次，纹样组合中的层次、节奏感体现着黎族人民的艺术审美。通过大小图案交替、色彩对比、线条变化，服饰呈现出丰富的视觉效果。这种艺术手法不仅可增强服饰的美观性，也使纹样组合具有叙事性、表达性，传递出特定的情感、思想。再次，纹样组合具有特定的文化寓意与象征意义。在婚礼服饰中，常见的纹样组合包含代表爱情、忠诚的动物，如鸳鸯、蝴蝶，以及象征繁荣与多子多福的植物，如石榴、葡萄。这些组合寓意着对美满婚姻与幸福生活的祝福。纹样组合也被用来表达社会地位、身份。不同纹样组合对应不同的年龄、性别、社会角色。例如，长者服饰会采用庄重的纹样组合，体现出威严、尊敬；年轻人服饰则采用活泼鲜艳的纹样，表现出青春、活力。最后，纹样组合的文化寓意还体现在对历史传说的表达上。通过将特定图案组合在一起，黎族人民在服饰上讲述着民族历史故事与神话传说。视觉化的叙事方式，使文化传承更加直观、生动，从而增强民族认同感、文化自豪感。综上所述，黎族服饰中的纹样组合不仅是艺术设计的成果，也是文化内涵的深刻体现。通过对纹样精心组合，黎族人民表达了对和谐、美好生活的追求，传递着丰富的文化寓意。这些纹样组合为黎族服饰增添了丰富的文化内涵，是理解黎族文化的重要窗口。如图1-6所示，本系列纹样运用了黎族龙被纹样进行创意设计。黎族龙被图案文化有一个历史渐变过程，在内容上，由最初的黎族信仰逐渐转为统治阶级喜好；在形式上，由简入繁、从抽象到具象，深受汉族文化及宗教影响。另外，龙被图案蕴含着丰富的文化内涵，更反映了当时的生活环境及社会背景，是黎族先民在生产生活中的伟大艺术实践，值得我们学习研究。真正的设计，就是要根植于本民族的厚重文化；就是要不断地继承传统文化；大胆创新，才有可能设计出大家认可的作品。

图1-6　琼台师范学院2020级崔俊作品《观·白沙》

二、颜色使用的文化解读

（一）红色在喜庆与祭祀中的角色

红色在黎族服饰中占据着重要地位，被运用于喜庆、祭祀等重要场合，承载着丰富的文化内涵与象征意义。红色作为一种强烈、鲜明的颜色，既代表着热情与活力，又象征着吉祥与神圣。黎族人民通过在服饰中运用红色，表达着对美好生活的向往与对神灵的崇敬。首先，红色在喜庆场合中运用体现黎族人民对幸福生活的追求。在婚礼、节日庆典等喜庆活动中，黎族服饰以红色为主色调。新娘婚礼服饰绣有大量的红色图案，或以红色面料制作，象征着爱情热烈与婚姻幸福。红色在此背景下被视为带来好运和喜悦的颜色，祈求美满的生活。其次，红色在祭祀活动中具有神圣意义。黎族人民信奉万物有灵的自然崇拜，祭祀祖先、神灵是重要的宗教活动。在仪式中，祭祀者会穿着带有红色元素的服饰，或在服饰上增加红色装饰品。通过运用红色，祭祀者表达着对神灵的敬畏及对祖先的怀念，祈求保佑和庇护。再次，红色在黎族服饰中使用也体现着对生命力、能量的崇拜。红色是火的颜色，象征着光明、热情。在黎族传统观念中，红色具有驱邪避凶的作用。在日常生活中，人们也会在服饰上添加红色元素。红色与黎族的传统文化、历史传说密切相关。在部分神话故事中，红色被赋予了特殊力量，也使红色在服饰中的运用具有象征意义。最后，红色在黎族服饰中的使用也体现着民族审美观、色彩偏好。黎族人民生活在热带雨林地区，丰富多彩的自然环境影响着他们对色彩的感知。红色的鲜艳、明亮契合了他们对美的追求，已成为服饰设计中的重要元素。通过对红色的运用，可创造具有强烈民族特色的服饰艺术，丰富着中国少数民族的文化宝库。综上所述，红色在黎族服饰中扮演着重要角色，既是喜庆与幸福的象征，也是神圣与庄严的体现。通过在服饰中运用红色，黎族人民表达对美好生活的追求，对神灵、祖先的敬畏，对生命力的崇拜。红色使用反映着黎族文化丰富的内涵与独特的民族精神，是理解黎族服饰文化的重要切入点。

（二）蓝色与自然崇拜的联系

蓝色在黎族服饰中占有重要位置，其使用不仅具有美学价值，更深刻地反映着黎族人民对自然的崇拜和对宇宙万物的理解。蓝色象征着天空、海洋、水源，是自然元素中极为关键的组成部分。黎族人民通过在服饰中运用蓝色，表达着对自然力量的敬畏和对生命源泉的感恩。首先，蓝色象征着天空与宇宙的广阔，反映着黎族人民对天地万物的崇敬。在黎族传统观念中，天空被视为神灵居所。服饰中蓝色的运用，体现着黎族人民对天空的敬仰及对宇宙奥秘的探索。通过蓝色，黎族人民将自然崇拜的信仰融入日常生活、文化实践中。其次，蓝色代表着水源、生命，反映着黎族人民对水的重视与感恩之情。黎族人民生活在热带雨林地区，水资源丰富，但也面临着洪涝等自然挑战。水在黎族人民的生活、生存中扮演着重要角色。服饰中运用蓝色，象征着人们对水源的感激及对生命繁衍的期盼。再次，蓝色与黎族的自然崇拜密切相关。在神话传说、宗教信仰中，自然元素被赋予神灵的属性。蓝色作为自然元素的象征，被运用于祭祀、宗教仪式的服饰中。通过运用蓝色，祭祀者表达着对自然神灵的敬畏，祈求风调雨顺、五谷丰登。蓝色使用还体现着黎族人民对纯净、宁静的追求。蓝色具有平静、深邃的视觉效果，能带给人宁静、平和的感受。在服饰设计中，蓝色可与白色等淡雅的颜色搭配，营造出朴素、典雅的风格。色彩搭配反映着黎族人民内心对平和生活的向往及对自然美的欣赏。最后，蓝色在黎族服饰中的运用也体现着对人们传统工艺、天然材料的重视。黎族人民善于利用天然的植物染料，如蓝靛草，为纺织品染色。蓝靛染色工艺复杂，需经过多次浸染、日晒，才能获得纯正持久的蓝色。对天然染料的使用，体现着黎族人与自然和谐共生的理念，以及对传统手工艺的传承与保护。综上所述，蓝色在黎族服饰中的运用不仅具有审美价值，更深刻地反映着黎族人民对自然的崇拜及对生命的理解。通过蓝色，黎族人民表达着对天空、水源、自然神灵的敬畏，也体现着黎族人民对生命源泉的感恩与对平和生活的追求。蓝色的使用是黎族服饰文化的重要组成部分，展示着丰富的文化内涵与独特的民族精神。

（三）黑白色调的传统象征意义

黑白色调在黎族服饰中具有独特的传统象征意义，体现着黎族人民对自然、生命、宇宙的深刻理解。黑色、白色作为最基本的颜色，被赋予了丰富的文化内涵，承载着黎族的哲学思想、审美观念。首先，黑色在黎族文化中象征着大地与生命的孕育。黑色代表着土壤的颜色，暗示着万物生长的根基。

在黎族传统观念中，大地母亲赋予了人类、自然万物生命力。通过在服饰中运用黑色，黎族人民表达了对大地的崇敬及对生命起源的追溯。这种颜色使用反映着黎族人民与土地密不可分的关系。其次，白色象征着纯洁、光明、神圣。白色在黎族宗教、祭祀活动中具有特殊的地位，在宗教仪式、祭祀活动中，参与者穿着以白色为主的服饰，体现着对神灵的敬畏与对纯洁精神的追求。白色运用体现着黎族人民对道德纯洁、心灵净化的重视。再次，黑白色调的结合在黎族服饰中创造了强烈的视觉对比，体现着对平衡、和谐的追求。黑与白对立统一，象征着阴阳相生等哲学思想。通过将黑白色调巧妙地融合在服饰中，黎族人民表达着对宇宙规律的理解及对生命本质的思考。这种色彩运用体现着深刻的哲学内涵。黑白色调在服饰中的运用也具有实用性和审美价值。黑色耐脏、耐用的特性，使其成为日常服饰的主要颜色；白色在节庆仪式中的使用，体现着庄重、肃穆。黑白色调的简洁、朴素，契合了黎族人民崇尚自然、追求简约生活的态度。最后，黑白色调的传统象征意义也反映着黎族文化的包容性和开放性。虽然黑白两色看似简单，但在黎族服饰中能表现出丰富的变化及深刻的内涵。这种对基本色彩的深入挖掘运用，充分展示了黎族人民的创造力及对文化多样性的尊重。综上所述，黑白色调在黎族服饰中具有重要的传统象征意义，体现着黎族人民对大地、生命、宇宙、哲学的深刻理解。通过黑白色调的运用，表达着黎族人民对自然的崇敬、对神圣的追求，以及对和谐与平衡的向往。这些颜色的使用丰富了黎族服饰的文化内涵，展现了独特的民族精神与审美观念。

（四）颜色搭配的审美理念

黎族服饰颜色搭配体现着独特的审美理念与艺术创造力，通过对色彩的巧妙组合，营造出丰富的视觉效果、深刻的文化内涵。黎族人民在服饰设计中，不仅注重单一颜色的象征意义，更强调颜色之间的谐调与对比，形成了具有鲜明的民族特色的色彩美学。第一，黎族颜色搭配注重自然与和谐原则。善于从自然界中获取灵感，将大自然色彩运用于服饰设计中。海洋的深蓝、花卉的艳丽色彩都在黎族服饰中得到体现。这种对自然色彩的借鉴，反映着黎族人民与自然和谐共生的理念，以及对自然美的崇尚。第二，黎族服饰颜色搭配强调对比与平衡。通过将鲜艳的颜色与素雅的色调相结合，形成强烈的视觉冲击力。例如，红色与黑色搭配，既体现着热情与稳重的对比，又能达到视觉艺术的平衡。蓝色与白色组合，营造出清新明快的效果，体现着宁静与纯洁。这种对比与平衡运用，充分展示了黎族人民的审美敏感度、色彩驾驭能力。第三，颜色搭配中蕴含着深刻的文化寓意与情感表达。不同颜色组合在一起，传达出特定的情感意义。例如，红色、黄色与绿色的组合，象征着丰收繁荣；黑色与白色搭配，表达着对祖先的敬意和对生命的思考。通过颜色组合，黎族人民在服饰中传递着本民族的价值观、信仰和生活态度。第四，黎族服饰颜色搭配也体现着对个性化、多样性的追求。虽然有传统色彩运用规范，但黎族人民在服饰设计中鼓励创新、自我表达。不同的家庭、村落、个人，在颜色搭配上有所差异，从而形成了丰富多彩的服饰文化。多样性增强了文化的活力、吸引力。第五，颜色搭配审美理念还体现出黎族人民对传统与现代的融合。随着时代发展，黎族服饰颜色搭配不断演变。在保留传统色彩运用的基础上，尝试引入新颜色、材料，创造出既有民族特色又符合现代审美需求的服饰。这种开放态度体现着黎族文化的包容性、适应性。综上所述，黎族服饰颜色搭配体现着深刻的审美理念、文化内涵。通过对颜色巧妙组合，黎族人民表达出对自然的崇敬、对美好生活的追求，以及对个性的尊重。颜色搭配艺术不仅丰富着黎族服饰的视觉效果，也为理解黎族文化提供了新窗口。

三、服饰与黎族信仰的关系

黎族服饰不仅是日常生活的必需品，也是文化传承与宗教信仰的重要载体。黎族内部因方言、习俗、地域分布等差异，分为"哈"（过去称"侾"）、"杞"（过去称"岐"）、"润"（过去称"本地黎"）、"美孚""赛"（过去称"德透黎"或"加茂黎"）五大方言区。方言区服饰在款式、色彩、图案上各具特色，反映着不同地区的生活环境、生产习惯，成为区分黎族社会内部不同血缘集团、氏族、部落的重要标志。黎族服饰与族源、婚姻、家庭、宗教、祭祀、丧葬等方面有着紧密的联系，构成了黎族独特的文化体系。

第一，黎族服饰在社会结构中作用尤为显著。黎族社会以父系小家庭为基本单位，服饰成为区分不同血缘集团、氏族的重要标志。不同方言区服饰款式、色彩、图案各有不同。例如，哈、美孚、赛等方言区的黎族妇女多穿长筒裙，而杞、润方言区妇女则偏好中等筒裙或短筒裙。这种差异不仅反映着地理环境的不同，如沿海平原地区多穿长筒裙以适应潮湿环境，中部山区选择较短筒裙以便活动自如，而且体现着各方言区在生产、生活方式上的差异。

第二，黎族服饰与婚姻习俗密不可分。黎族婚礼是重要的社会活动，婚礼服饰如"抱怀"妇女服饰、"哈应"妇女盛装婚礼服，通常绣有喜庆图案，如人物、几何、动植物图案。这些图案不仅可美化服饰，还象征着婚姻幸福美满。婚礼服饰设计制作过程既体现了黎族妇女在纺织、染色、刺绣技艺上的高超水平，也是对家庭、社会关系的强化表达。在婚礼仪式中，服饰色彩、图案通过视觉传达了黎族人民对美好生活的祝愿与对婚姻的重视。

第三，宗教信仰在黎族服饰中占据着重要地位。尽管黎族尚未形成完整的宗教体系，但其深信"万物有灵"，广泛流行祖先崇拜、自然崇拜。宗教活动中的特殊服装，成为黎族宗教信仰的象征。这些宗教服饰通常色彩鲜明，图案复杂。在祭祀、丧葬活动中，宗教主持者穿戴特定的服饰，以体现对神灵的敬畏及对祖先的怀念。例如，"奥雅"（黎语的译音，意指年老而忠直受尊重的人）在丧葬仪式中身穿蓝色长袍，头插银簪，颈戴银项圈，肩挑祭品，象征其在宗教活动中的重要角色。这些服饰不仅具备装饰性，更承载着深厚的宗教意蕴，反映着黎族人民对自然力量的敬畏及对生命循环往复的理解。

第四，祭祀礼仪也是服饰与信仰关系的体现。黎族的祭祀活动，如祭祖、丰收祭等，通常需要穿戴特定的服饰，这些服饰上的图案多表现黎族生活的各个方面，如《祭祀图》《狩猎图》《纺织图》《根深花茂图》《渔猎农耕图》等。这些图案不仅可装饰服饰，还象征着对自然和祖先的敬畏，表达了黎族人民对丰收、幸福生活的祈愿。通过在服饰上绣制特殊图案，黎族人民将宗教信仰与日常生活紧密结合，从而增强祭祀仪式的庄重性、仪式感。

第五，丧葬习俗中的服饰设计反映着黎族人民对生死观念的理解。黎族人民认为"人死像太阳落山一样"，入殓时由穿戴蓝色长袍的"奥雅"引路。丧服筒裙分为专为男性长辈和女性设计的不同款式，通过色彩、图案的象征意义，表达了黎族人民对死者的祝愿。这种服饰设计不仅体现着黎族对生命的哲学思考，也反映着黎族人民宗教信仰中的阴阳观念。明色人形纹代表阳，暗色人形纹代表阴，二者对比与结合象征着生命的延续与世界和谐。

第六，黎族服饰中的图案设计蕴含着深刻的宗教意蕴，反映着黎族先民在长期社会生活中形成的世界观、哲学思想。服饰上的人形纹、动植物纹等图案，不仅讲究色彩与图案的完整和统一，更注重对称性，体现着黎族人民对宇宙秩序、自然和谐的追求。这些图案通过民歌、谚语、民间故事等形式传承下来，成为黎族文化的重要组成部分，增强了黎族人民的民族认同感与文化自信。

第七，现代化进程对黎族服饰与信仰关系的影响不容忽视。随着机械纺织、现代服饰的普及，传统手工艺面临冲击，但黎族人民通过非物质文化遗产保护政策及教育推广，努力传承和保护传统服饰文化。在现代社会，黎族服饰不仅作为文化符号、民族身份的象征，还逐渐融入现代设计理念，展示出文化包容性和适应性。通过创新与传承相结合，黎族服饰在保留传统特色的过程中，融入现代审美，可激发其在当代社会的活力。

综上所述，黎族服饰与信仰体系密切相关，服饰不仅是生活必需品，也是文化传承、宗教表达的重要载体。通过服饰，黎族人民表达着对自然、祖先、神灵的敬畏，可强化社会结构与民族认同，体现着丰富的文化内涵与独特的民族精神。保护、传承黎族服饰文化，不仅有助于弘扬民族文化，增强文化自信，也可为多元文化的交流与融合提供宝贵的经验。

四、黎族服饰文化符号解析

（一）服饰与图纹

黎族服饰在中华民族服饰中独具一格，堪称瑰宝。自古以来，黎族织锦便因精美的工艺、绚丽的色彩而备受赞誉。早在清初，屈大均在《广东新语·货语》卷十五中描绘黎锦时说道："或以吴绫越锦，拆取色丝，间以鹅毳之绵，织成人物花鸟诗词，名曰黎锦，浓丽可爱……黄文裕赋云：布帛则攀枝吉贝，机杼精工。百卉千华，凌乱殷红。疏稀尔暑，密斜弭风。盖谓琼布也。"这些简洁而生动的描述充分体现着黎族服饰工艺的精细与色彩艳丽。黎族服饰作为海南黎族人民的传统服装，主要以黎锦为面料，在妇女服饰中占据着重要地位。中华人民共和国成立前，黎族居住在崇山峻岭之间，交通不便，各地因环境因素在民俗、语言服饰方面形成了诸多差异。黎族服饰因而分为哈方言区、杞方言区、润方言区、赛方言区、美孚方言区五大支系，这些方言区的服饰在款式、颜色、图纹上各具特色，反映着不同地域的生活环境与生产习惯。黎族服饰图纹内容丰富多彩，色彩鲜艳，图案既有抽象性又有具象性，记录着黎族人民的生产场景与生活方式。这些图纹不仅展示了黎族人民卓越的审美意识与深厚的文化底蕴，还表达了黎族人民对祖先的崇拜及对美好生活的祝福与祈盼。黎族服饰图纹种类超过一百种，主要分为人形纹、动物纹、植物纹、几何纹，其中人形纹、动物纹、植物纹是较常用的织锦图案。

1.人形纹

人形纹是黎族服饰图纹中最为普遍的纹饰，构成了黎锦的核心图案，反映着黎族人民对祖先、神灵的崇拜情感。人形纹以几何化的方式呈现，通过两个近似菱形的几何图案纵向排列，分别代表人体的上半身、下半身，头部则用较小的菱形象征。几何化的人形纹接近广西花山岩画中的蛙人形象，既简洁又富有表现力。黎族服饰上的人形纹不仅是装饰，更承载着丰富的文化寓意。常见人形纹包括狩猎场景、宗教祭祀活动、具有浓郁民俗风情的"婚礼图"。例如，"婚礼图"中的人形纹象征着婚姻的幸福美满，绣有人物形象的图案传达着黎族对婚姻礼仪的重视及对美好生活的向往。在黎语中，人形纹被赋予了鬼神的含义，实际上表现了对祖先崇拜的文化内涵。黎族服饰上人形纹四周常以几何纹饰进行装饰，象征着部落的繁荣昌盛。这些装饰性的几何图案不仅增强了整体服饰的美观性，还体现着黎族人民对宇宙秩序、社会和谐的追求。黎锦上的大力神纹是人形纹的代表，常见于两襟下摆、腰背后。大力神纹通常呈现刚健有力的体态，双脚稳稳着地，整体构图对称，显示出力量与稳定感，如图1-7所示。图案内部填充着各种几何纹饰，如万字纹、回纹、水纹等，这些纹饰与大力神图案相呼应，可增强图案的层次感与装饰效果。

图1-7　大力神纹样

2.动物纹

动物纹是黎族织锦中的关键组成部分，主要包括蛙纹、龙蛇纹、鸟纹等。

这些动物纹样不仅具有装饰性，还承载着丰富的文化象征意义。

蛙纹：蛙纹是黎族织锦中常见的纹样。黎族蛙纹以夸张、写意的方式呈现，具有高度的抽象性和动态特征。如图1-8所示，蛙纹通常省略前腿，延长后腿，巧妙地表现出青蛙跳跃的姿态。这种设计不仅体现着蛙的活力与灵动，也象征着黎族人民对丰收、繁荣的期望。黎族传统观念中，蛙象征着多产、善于抚育，其捕食害虫的特性也寓意着驱邪避疫、丰衣足食。蛙纹常用于门帘、服饰装饰，在服饰上，蛙纹以鲜明的形象与丰富的象征意义，成为黎族服饰中不可或缺的图案元素。

| 哈方言 | 杞方言 | 润方言 | 赛方言 | 美孚方言 |

图1-8 黎族不同方言的蛙纹

龙蛇纹：龙蛇纹在黎族织锦中具有特殊地位，象征着高贵、善良、美好，是祖先的象征。在黎族传说中，龙蛇纹与黎族起源故事紧密相连，如"雷破蛇卵"诞生黎族的传说和黎母山传说中的龙蛇形象。龙蛇纹常以蛟龙形态呈现，身体曲折有力，头尾分明，神态威武；亦有抽象化的几何龙蛇纹，以折线、几何图形表现其身体结构和花纹。这些龙蛇纹不仅展示了黎族人民的艺术创造力，也反映着其对祖先和自然神灵的崇拜。龙蛇纹作为黎族的图腾符号，象征着部落的起源与民族的延续，具有重要的文化、信仰意义。

鸟纹：鸟纹在黎族织锦中同样占据重要地位，象征着保护神，传达着人们的美好愿望。黎族传说中，黎母年少时曾被约加西拉鸟救助，因此鸟成为黎族人民的保护神。为纪念该传说，黎族妇女将鸟纹绣于背部，象征着对祖先的崇敬及对保护神的信仰。黎锦筒裙上的鸟纹采用红白两色，设计精美，形态优美，头昂尾拖，色彩鲜明，寓意自由与美丽。黎族织锦中还存在似鸟似人的纹样，象征着鸟精灵，强化了鸟纹在黎族服饰中的文化象征作用。这些鸟纹通过生动的形象与色彩表达着黎族人民对自然和生命的敬畏与热爱。

3.植物纹

植物纹在黎族织锦中主要作为陪衬存在，常见于背带、裙边等部位。常用的植物纹样包括莲花、白藤花、竹花等。这些植物纹样不仅具有装饰性，还蕴含着深刻的文化寓意。例如，木棉树在黎族文化中象征着幸福与繁荣，因木棉絮是黎族纺织的主要原料，纹样中常被绘制成大榕树与木棉花结合的图案。木棉树高大茂盛，象征着根深叶茂，寓意家庭与部落的繁荣与稳定。殷红的木棉花在黎锦中以八瓣花的形态出现，象征着美好与丰收。植物纹样通过自然形态与象征意义，表达着黎族人民对自然环境的依赖与尊重。

4.几何纹

几何纹是黎族服饰图纹中的常见元素，主要由直线、平行线、方形、菱形、三角形等基本几何图形组合而成。几何纹多以日常生活中的物品为灵感，通过抽象、夸张的手法表现，反映着黎族人民朴素的直观思维与高度的艺术创造力。几何纹不仅具有装饰性，还承载着丰富的文化内涵、象征意义。例如，菱形、三角形图案象征着土地与山峰，体现着黎族人民对自然环境的崇敬与适应。几何纹组合追求对称与平衡，体现着黎族人民对宇宙秩序与社会和谐的追求。几何纹样在黎族织锦中的运用，展示着黎族人民对生活细节的观察和理解。通过大胆想象、创造，几何纹样不仅可增强黎族服饰的视觉效果，还赋予服饰独有的民族特征与个性。例如，直线与折线结合，形成复杂的图案结构，既体现着黎族人民对简单形状的运用，又展示了黎族人民对复杂图案的掌控能力。这种设计不仅可丰富黎族服饰的装饰性，也可增强黎族服饰的文化表达力，使黎族织锦在视觉、文化层面都具有高度的艺术价值。

综上所述，黎族服饰中的图纹设计是文化符号的重要组成部分，通过人形纹、动物纹、植物纹、几何纹等多样的图案，黎族人民在服饰中表达了对祖先的崇拜、对自然的敬畏及对美好生活的向往。这些图纹不仅可美化服饰，还承载着丰富的文化内涵与象征意义，反映着黎族人民卓越的审美意识与深厚的文化底蕴。通过对服饰图纹的解析，可深入理解黎族的历史传承、文化信仰、社会结构，为研究黎族文化提供了新视角。

（二）图纹与文化意象

黎族服饰作为一种无声的语言标志，承载着丰富文化符号与象征意义，形成了独特的符号系统。该符号系统与黎族神话、传说、故事、习俗紧密相连，共同构建了全面的文化阐释体系。服饰不仅是黎族人民日常生活的必需品，也是黎族人民传承传统、追根溯源、保存文化信息的载体。黎族人民将其文化记忆通过服饰图纹记录下来，展现着黎族人民的民族风俗、宗教信仰、道德规范。黎族人民巧妙地将图案通过纺织、染色、刺绣等技艺"书写"在服装上，形成了独特的文化密码，凝聚着黎族的历史与精神。

1.宗教信仰与图腾表达

黎族服饰中的图案、色彩、服饰形制，源自"以衣喻裔"的文化理念、对祖先认同的寻根意识。这种"固守祖制"的信念使黎族服饰在千百年来的历史中发挥着重要作用。自然环境作为人类文明的重要基础，深刻影响着黎族的宗教观念。黎族先民长期生活在海南的丛林深处，山川林泽中，万物不仅提供了丰富的物质资源，也使黎族人民经历了无数的自然灾难。因此，黎族宗教观念以"万物有灵"为核心，涵盖图腾崇拜、自然崇拜、祖先崇拜等形式。黎族人民崇拜天地，视自然万物为神灵，通过服饰上图案表达对自然力量的敬仰，以及渴望神灵庇护的情感。例如，黎族服饰中的动物纹样，如龙、牛、蛇、鸟、狗、龟等，象征着不同的图腾崇拜。这些动物不仅代表着黎族人民对自然界的认同，也反映着黎族人民对祖先、自然神灵的崇拜。植物纹样如竹、芭蕉、番薯、葫芦等，体现着黎族人民对植物图腾的崇拜，象征着繁荣、丰收、生命力。例如"蛙"形纹，这种图案不仅承载着黎族人民的祖先崇拜，还深刻表达着生殖崇拜的文化内涵。黎族社会长期以来为母系氏族制社会，蛙作为多产且善于抚育的动物，形象与母性特质高度契合，象征着家庭繁衍与族群的延续。通过夸张、写意等手法，蛙纹在服饰上表现出活力、灵动，寓意着黎族人民对多子多福、家族兴旺的美好愿望。黎族服饰中图纹设计通过色彩的明暗变化、图案的对称搭配及物体的虚实结合，达到图案实体与信仰抽象的完美统一。这些图案不仅装饰了服饰，还深刻反映着黎族人民对宇宙秩序、自然和谐的理解与追求。

2.民族风情与历史记忆

黎族服饰图纹不仅是装饰性的艺术元素，也是民族风情与历史记忆载体。通过服饰图纹，黎族人民传递了本民族的生活习惯、社会结构、历史变迁。作为特殊的文化符号，黎族服饰图纹不仅表达着本民族的人文情怀，还记录了黎族演进过程中的风俗习惯与地域特色。例如，流行于乐东黎族自治县、三亚市、东方市等地筒裙上的人形纹中的"婚礼图"，生动描绘着黎族婚娶习俗中的迎亲、送亲、送彩礼、拜堂等场景。这些图案不仅展示了新郎、新娘与前来参加婚礼的村民们的喜悦热闹场景，也反映着黎族社会对婚姻仪式的重视及对幸福生活的期望。表现舞蹈动作的人形纹刻画了黎族在节庆场合尽情欢歌的生活画面，展示着黎族节日中人民的欢乐与活力。黎族传承着诸多风俗节日，如大年三十、三月三的"爱情节"、源于原始信仰的"牛节"、阴历十二月的"山栏节"等。在节日中，人们不仅要遵守传统礼仪，穿戴本民族的服饰，还要举行吃槟榔、鸣放粉枪、点火把、吹牛角号等仪式。黎族服饰中舞蹈图案正是从节庆活动中汲取灵感，设计出的造型简洁、图纹活泼的图案，展现着黎族节日的欢快场景和乐观向上的生命力。黎族服饰图纹还具有记史述古的功能。黎族先民通过服饰图纹将重要的历史题材与日常生产生活场景以抽象的方式浓缩在织锦中。例如，黎族"大力神""洪水的故事""黎母的神话"等民间神话传说，都在黎族织锦图案中得到了体现。吉祥图案不仅记录着黎族的历史与神话，也通过象形符号传达着黎族人民对世界起源和人类诞生的理解。黎族"大力神"纹，源自其创世神话，描绘着拥有惊天伟力的"大力神"为黎族先民开拓天地、创造生活的传奇故事，体现着黎族人民对自我起源的解读和对英雄精神的崇拜。

（三）生命态度与审美情趣

黎族人民以乐观豁达的生命态度与独特的审美情趣著称，这些特质深刻地体现在黎族人民的服饰图纹中。黎族人民生活在风景秀丽的海南岛上，与大自然和谐共处，形成了积极乐观、自由达观的人生态度。这种态度、情感通过服饰图纹得到了充分的表现。黎族妇女在织绣服饰时，通过丰富的想象力与巧妙的构思，将自然界的动植物形象简化、夸张、重组，创造出独特而富有艺术魅力的图案。其可满足对自然物体的简单模仿，还可通过高度提炼、概括，将自然元素转化为具有象征意义的几何纹、动植物纹、人形纹。这些图纹在服饰上的运用，通过色彩搭配与空间布局，可充分展现出黎族人民对美好生活的追求与对自然美的欣赏。黎族服饰图纹设计强调形神兼备，通过对图案对称性、色彩和谐性、图案的动态表现，体现黎族人民对生命力和美的追求。例如，赛方言区的鸟纹、杞方言区的羊纹、猫纹等，虽然形态各异，但都表现出高度的艺术创造力与自由的想象力。这些图纹不仅具有鲜明的民族特色，还蕴含着深厚的文化内涵与审美意义，展示了黎族人民对自然的热爱及对美的追求。黎族服饰图纹通过绚丽多彩、富有节奏感的设计，表达着黎族人民乐观向上的生命态度与对美好生活的无限憧憬。黎族妇女将自然界的美丽元素融入服饰，通过线条、色彩、图案的巧妙结合，创造出充满生命力与艺术魅力的服饰作品。这些图纹不仅是黎族服饰的装饰元素，更是黎族文化、审美情趣的集中体现，展示着黎族人民在长期的社会生活中形成的独特世界观与美学理念。黎族服饰中的图纹与文化意象密不可分，通过丰富多样的图案设计，黎族人民在服饰中表达了对自然、祖先、生活的敬畏与热爱。图纹不仅可起到装饰的效果，还承载着深厚的文化内涵与象征意义，反映着黎族人民卓越的审美意识、深厚的文化底蕴及乐观向上的生命态度。通过对黎族服饰图纹进行解析，可深入理解黎族的历史传承、宗教信仰、社会结构，从而为研究黎族文化作出了重要贡献。

第四节

现代黎族服饰的设计与创新

一、黎族传统服饰在当代时尚中的应用

（一）传统元素的现代化改造

在当代时尚设计领域，黎族传统服饰元素已成为设计师汲取灵感的宝库。黎族服饰以独特的手工织锦、精湛的刺绣技艺与丰富的文化内涵著称，传统元素在现代设计中得到了重新诠释与应用。通过对传统服饰结构、图案、色彩、材料进行现代化的改造，设计师不仅可以保留黎族服饰的文化精髓，也能使其更符合现代审美与服饰实用的需求。首先，黎族服饰结构特点被重新解读设计。传统黎族服饰以宽松、自然的板型为主，体现着人与自然和谐共生的理念。现代设计师在保留特色的基础上，结合现代人体工程学、时尚潮流，对服饰剪裁进行了改良。例如，设计师可在传统筒裙设计中加入腰线强调，在凸显女性的曲线美的同时，保留筒裙的流动感和舒适性。这种改造既尊重传统黎族服饰文化，又能满足现代人对服装功能性、美观性的双重需求。其次，黎族传统服饰中的独特图案、纹样也应用于现代设计中。黎族手工织锦、刺绣中包含了丰富的动植物纹样、几何图案和象征符号，这些元素承载着黎族人民对自然、宇宙、生命的理解。现代设计师通过对图案的提炼简化，可将其应用于服装、饰品、家居用品的设计中。例如，将传统动植物纹样抽象化，形成具有现代感的图形，在服装的印花、刺绣中应用，既可保留其文化内涵，又符合现代审美。再次，在传统材料现代化应用上，黎族服饰传统上以天然材料为主，如棉、麻、丝等，这些材料在现代环保理念的推动下，受到重视。设计师在选择面料时，倾向于环保、可持续的材料，结合现代科技，可提升服装的舒适性、功能性。例如，将传统棉麻材料与现代功能

性纤维结合，可制作出既具有传统质感又具备防水、防皱等功能的面料。最后，传统工艺与现代技术结合也是传统元素现代化改造的重要路径。黎族手工织锦和刺绣技艺精湛，但由于耗时耗力，难以大规模生产。现代技术的引入，如数字化刺绣机、先进的织布机等，使传统工艺得以高效地应用于现代生产中。设计师积极探索手工艺与机械化生产的平衡点，既可保留手工制作的独特质感，又可满足市场对产量、效率的需求。通过这些措施的实施，黎族传统服饰元素在当代时尚中焕发出新的生命力。现代化改造不仅可丰富时尚设计的语言，也为黎族文化的传承弘扬提供了新途径。基于全球化背景下，传统文化的现代化转型是其生存与发展的必由之路，黎族服饰在这方面的探索具有重要的示范意义。

（二）黎族服饰符号的时尚转化

黎族服饰中的符号、纹样蕴含着深厚的文化底蕴、历史传承，这些符号不仅是装饰元素，也是黎族人民对自然、宇宙和社会认知的形象表达。在当代时尚设计中，如何将这些具有特殊意义的符号进行时尚化转化，成为设计师关注的焦点。首先，动植物纹样的现代诠释。黎族服饰中常见动植物纹样，如鸟、鱼、花卉等，象征着对自然的崇敬与生命的赞美。现代设计师通过对纹样的抽象、简化，使其更符合现代审美。例如，将复杂花卉纹样提炼成简单的线条、几何形状，可应用于服装印花或织物纹理中。这种处理方式既保留了原有的文化象征意义，又赋予了现代感与时尚感。其次，几何图案与宇宙观念的融合。黎族服饰中的几何图案，如方形、菱形、螺旋等，体现着黎族人民对宇宙和空间的理解。这些图案在现代设计中被赋予新形式。例如，螺旋纹样可转化为代表无限和循环的现代符号，应用在饰品服装设计中，以此来表达对生命、时间的思考。设计师通过对几何图案的重新组合、排列，创造出具有视觉冲击力的作品，吸引年轻消费者的关注。再次，图腾符号与民族身份认同的彰显。黎族服饰中的图腾符号，如特定动物或神秘符号，代表着民族历史与信仰。现代设计师在尊重原始文化意义的前提下，可将文化符号融入品牌设计、产品形象中。例如，将黎族特有的图腾符号作为品牌标志，或在产品包装、广告中突出展示，以此来增强品牌的文化内涵和提升识别度。这种方式不仅能提升产品的市场竞争力，也能加强消费者对黎族文化的认知。随着全球化的推进，黎族服饰符号在国际时尚舞台上也得到了展示与认同。设计师通过与国际品牌合作，或在国际时装周上展示融合黎族元素的作品的方式，使黎族服饰文化符号走向世界。这种跨文化的交流与融合，不仅可扩大黎族服饰文化的影响力，也可为全球的时尚注入新活力。最后，色彩运用也是符号转化的重要方面。黎族服饰中红、蓝、黑、白等颜色具有特定的文化象征意义。在现代设计中，设计师通过颜色的重新组合运用，创造出具有时尚感的色彩方案。例如，将传统红黑配色应用在高级时装设计中，可形成强烈的视觉对比，体现出独特的民族风格和时尚魅力。颜色的运用也可传达特定的情感理念，如环保、和平、活力等，以此来丰富设计的内涵。综上所述，黎族服饰符号的时尚转化是一个多层次、多角度的过程，涉及文化、艺术、市场等多个领域。通过对传统符号的现代化诠释，设计师不仅为时尚设计注入了新元素，也为黎族文化的传承和发展开辟了新道路。时尚转化实践，体现着文化传承与创新的统一，为其他民族文化的现代化发展提供了借鉴。

（三）文化传承与时尚产业的融合

基于全球化背景下，实现文化传承与时尚产业的有机融合，已成为黎族服饰文化可持续发展的关键。时尚产业作为文化传播的关键载体，具有广泛影响力和市场价值。通过将黎族服饰传统元素融入时尚产业，既可促进黎族文化的传承，又能为时尚产业注入新活力。首先，可建立合作机制，以此来促进传统工艺与现代设计的结合。黎族拥有丰富的手工艺资源，如织锦、刺绣、染色等，时尚产业可通过与黎族手工艺人、工坊建立合作关系，将传统工艺引入现代设计和生产中。例如，设计师不仅可以深入黎族地区，了解传统技艺，还可以与手工艺人共同开发新产品。这种合作不仅能提升产品的文化价值，也能为手工艺人提供了新的就业机会与收入来源。其次，可通过打造文化品牌来提升黎族服饰的市场竞争力。品牌化既是现代时尚产业的重要组成部分，也是文化传播的重要手段。打造具有黎族特色的时尚品牌，可以在市场中树立独特的品牌形象与文化观。例如，设计师通过创建专门的黎族时尚品牌，推出系列产品，如服装、饰品、家居用品等。品牌的建立和推广，可以提高消费者对黎族文化的认知，从而扩大黎族服饰产品的市场影响力。再次，设计师可利用新媒体和数字化手段，扩大文化传播的范围。现代社会中，互联网已经成为信息传播的主要渠道。在黎族服饰文化与时尚产业融合过程中，可通过社交媒体、电子商务平台、虚拟现实等技术手段，充分展示黎族元素的产品。例如，可通过在社交媒体上发布设计师访谈、产品展示、文化故事等内容，吸引消费者的关注。最后，政策支持与社会参与也是促进传承与时尚产业融合的关键力量，政府部门可通过制定扶持政策，提供资金、资源支持，鼓励企业、个人参与到黎族文化的传承和时尚产业的发展中来。同时，社会公众的参与支持，也是文化传承的重要动力。通过组织文化节、展览、比赛等活动，加深公众对黎族文化的了解，以此来形成良好的社会氛围。综上，文化传承与时尚产业的融合是系统化工程，涉及多方参与、多领域协作。通过建立合作机制、打造文化品牌、利用新媒体、政策支持，可实现黎族服饰文化的可持续发展和创新。这种融合不仅有利于黎族文化的保护，也可为时尚产业发展提供新方向，具有重要的社会与经济意义。

二、黎族服饰的功能性与实用性创新

（一）环保材料的运用

随着全球环境问题的加剧，环保理念已深入人心，成为各行各业关注的焦点。黎族服饰是中国少数民族传统文化的重要组成部分，在现代化发展过程中，环保材料的运用可成为其功能性与实用性创新的关键。传统黎族服饰多采用天然材料，如棉、麻、丝、植物染料等，这些材料本身具有环保特性，符合现代社会对可持续发展的要求。现代设计师在传承黎族服饰传统材料的基础上，可引入新型环保材料。例如竹纤维、再生纤维素纤维（如天丝、莫代尔）等材料被应用于服饰制作中。竹纤维具有良好的透气性、吸湿性、抗菌性，且可自然降解，对环境友好，也可提升服装的舒适性、功能性。这些特性使竹纤维成为替代传统材料的理想选择。

废旧材料的再利用也是环保材料运用的重要体现。设计师可尝试将废弃纺织品、服装碎片等进行再设计，赋予其新生命。例如，将旧的黎族织锦布料进行拼接、改造，制成独特的服饰、配饰。这种方式不仅可减少资源浪费，也可为传统材料再生利用提供新可能。

在染色工艺方面，植物染料的重新应用也是环保材料运用的重要方向。传统黎族服饰的染色多采用靛蓝、茜草、苏木等天然植物染料，具有色彩柔和、对皮肤友好等优点。现代技术的运用，使植物染料的色牢度、色彩鲜艳度得以提升，从而满足现代服饰对色彩的要求。同时，植物染料的使用可减少化学染料对环境的污染，符合环保理念。可降解和可循环利用材料也可应用在黎族服饰中，例如，采用生物基材料制作纽扣、装饰品等，这些材料在使用寿命结束后可被自然降解，不会对环境造成长期影响。这种材料的运用体现着设计师对生态环境的尊重与保护，也与黎族人民崇尚自然、与环境和谐共处的传统观念相契合。

环保材料运用还体现在服饰生产过程的改进上。采用节能型设备、减少水资源消耗、控制废弃物排放等措施，可降低服装生产对环境的影响。例如，可引入低温染色技术，减少能源消耗、废水排放，以此来提高服饰生产的环保水平。综上所述，环保材料运用是黎族服饰功能性与实用性创新的重要方向。通过引入新型环保材料、再利用废旧材料、采用天然植物染料、改进生产工艺，黎族服饰可以在保持传统特色的过程中，顺应现代社会的环保潮流。不仅可提升产品的市场竞争力，也可为黎族文化的可持续发展提供技术支持。

（二）功能性设计的改良

功能性设计的改良既是现代黎族服饰创新的关键环节，也是提升其实用性、市场适应性的关键。随着现代社会生活方式的改变，现代消费者对服饰的需求不仅限于美观，更注重其舒适性、实用性、功能性。设计师需在黎族服饰传统的基础上，进行多方面的功能性改良设计。首先，需在服装板型结构上进行优化。传统黎族服饰多为宽松、直筒的板型，适合当地气候与生活方式。但在现代都市环境中，这种板型可能无法满足人们对服装合体性的要求。设计师通过引入现代裁剪技术，如立体裁剪、人体工程学设计等，使服装更贴合人体曲线，提高穿着的舒适度和美观度。例如，在传统筒裙的设计中加入腰线和褶皱设计，使其更符合现代审美。其次，设计师可引入功能性面料来提升服装的实用性。现代科技的发展为高性能功能性面料的发展提供了新可能，如防水、防风、透气、抗紫外线等。这些面料在黎族服饰制作中的应用，使黎族服饰具备了适应多元化环境的能力。例如，采用防水透气的面料制作户外风格的黎族服饰，既可保持黎族民族特色，又能满足户外活动的需求。再次，服装细节设计改良可增强服饰实用性。传统黎族服饰在细节设计上较为简单，缺乏现代服装中常见的功能性元素。设计师通过增加口袋、拉链、可调节的扣带等，可提升服装的便利性。例如，在上衣中加入隐形口袋，方便携带小物品；在裤装中采用弹性腰带，从而适应不同体型的穿着者。最后，服装易护理性也是功能性设计改良的重要方面。现代人生活节奏快，对服装的护理要求更高。采用易洗涤、不易起皱、耐磨损的面料，可减少消费者在服装护理上时间、精力的投入。例如，选择抗皱处理的棉麻面料，可使服装在多次洗涤后仍能保持良好的外观。综上，功能性设计的改良使黎族服饰能充分适应现代生活的需求。通过板型优化、功能性面料应用、细节设计改良、产品多样化设计，黎族服饰在保持传统文化特色的同时，也能提升其实用性和市场竞争力。这种创新不仅可满足消费者的需求，也可为黎族服饰文化的传承和发展开辟新路径。

（三）传统工艺与现代技术的结合

传统工艺与现代技术的结合是推动黎族服饰功能性与实用性创新的核心动力。黎族服饰以独特的手工织锦、精湛刺绣、传统染色技艺闻名，这些工艺蕴含着深厚的文化内涵。然而纯手工制作的服饰在生产效率、成本、品质稳定性方面存在诸多限制。现代技术引入为解决这些问题提供了新思路。首先，在织造工艺上，现代纺织技术的应用可提高生产效率与产品质量。传统的手工织布速度慢、产量低，难以满足市场需求。现代织机的引入，不仅可提高织造速度，还能精确地复制复杂的黎族传统纹样。例如，数控织机通过预先编程，可高效地织造出包含黎族特色图案的布料，从而保持传统纹样的精细度、准确性。其次，刺绣工艺与数字化技术的结合，使传统刺绣得以大规模生产。电脑刺绣机的使用，可快速、高精度地完成复杂的刺绣图案，满足批量生产的需要。设计师可利用计算机辅助设计（CAD）软件，对传统黎族刺绣图案进行数字化处理和设计，并通过刺绣机实现。这种方式既可保留传统刺绣的艺术性，又可提高生产效率和一致性。再次，现代染色技术应用改善了传统染色工艺的不足。传统植物染色工艺虽然环保，但存在色牢度低、色彩单一等问题。现代染色技术采用环保型化学染料、先进的染色设备，可提高染色的色牢度、色彩丰富性。染色过程中的废水处理技术也得到了改进，以此来减少对环境的影响。例如，3D打印技术、激光切割等先进制造技术的引入，可创新黎族服饰设计，并在制作中得到应用。三维（3D）打印技术可以制作复杂的饰品和配件，激光切割技术则可以精确地裁剪布料和皮革，创造出独特的纹样、形状。这些技术的应用为黎族服饰创新提供了新可能。最后，互联网技术的应用可促进黎族服饰传统工艺的传播交流。通过网络平台，手工艺人、设计师可以分享制作过程、技艺心得、设计理念，以此吸引更多人关注、参与黎族服饰的传承和创新。例如，开设在线课程、制作教学视频等方式，可以培养新一代的手工艺人才，从而确保传统技艺的延续。综上，传统工艺与现代技术结合为黎族服饰功能性、实用性创新提供了强大的支持。在保留传统文化精髓的过程中，现代技术应用可提高黎族服饰的生产效率、产品质量、市场适应性。这种融合不仅有助于黎族服饰的可持续发展，也能为民族文化的传承与创新探索出新路径。

三、黎族服饰在文创产品中的延展

（一）黎族图案在文创设计中的应用

黎族图案作为黎族文化的重要象征，不仅在传统服饰中发挥着重要作用，在现代文创设计中也得到了广泛的应用。黎族图案具有丰富的象征意义与独特的美学价值，包含动植物纹样、几何图案、图腾符号等，这些元素经过现代设计的转化与创新，已经成为文创产品设计中的重要灵感来源。首先，黎族图案的美学特征能为文创设计提供独特的视觉元素。黎族服饰中的纹样常常展现对自然的敬畏与其民族信仰，这些纹样以精细的几何形状、对称结构、多样化的动植物形象为主，具有极高的装饰价值。设计师通过将这些图案抽象化或简化，可应用于现代文创产品中，如文化纪念品、家居饰品、文具等，使文创产品既具有独特的文化符号，又符合现代消费者的审美需求。例如，黎族传统的螺旋纹样可作为品牌标志或产品包装的装饰，以此来凸显产品的文化底蕴与设计感。其次，黎族图案在文创产品中应用，不仅限于视觉设计，还体现在产品功能与文化内涵结合上。例如，设计师将黎族图案融入功能性产品中，如服饰、背包、家居用品等，赋予文创产品深厚的文化内涵。以黎族传统几何纹样为例，这些象征宇宙观的图案可设计在现代服饰、鞋履或背包上，使产品在功能性之外，承载着深层的文化表达。这种设计不仅让消费者感受到产品的美观性、实用性，还能通过黎族服饰纹样了解黎族的文化符号、历史背景。最后，现代技术进步也为黎族图案在文创设计中的应用提供了新的可能性。通过数字化技术，设计师能精确还原黎族传统图案细节，将其广泛应用于不同材质、媒介中。例如，3D打印技术可将黎族图案制作成独特的文化饰品或家居摆件；在纺织工业中，先进的印染技术则可大批量生产带有黎族特色图案的织物，应用于床品、窗帘、装饰挂毯等家居用品。这种技术与传统文化的结合，不仅可拓展黎族图案的应用领域，也能提升文创产品在现代市场中的竞争力。综上，黎族图案在文创产品中应用体现着文化传承与现代设计的深度融合。通过设计师巧妙运用，这些传统图案不仅得以保存延续，还在现代文创设计中焕发出新的生命力，吸引更多年轻消费者的关注与喜爱。不仅有助于黎族文化的传播与弘扬，也可为文创产业的发展注入新动力。

（二）服饰元素的跨界融合

黎族服饰元素的跨界融合，是现代文创产品设计中的创新趋势。黎族服饰中丰富的文化符号、独特工艺、色彩搭配，具有极强的视觉冲击力、文化表现力，为跨界设计提供了丰富的素材。通过将黎族服饰元素与其他领域的设计结合，可创造出具有文化深度、市场潜力的文创产品。首先，黎族服饰元素与时尚设计的跨界融合为文创产品的创新提供了无限可能。黎族服饰中的织锦、刺绣，以及独特的图案可与现代时尚设计进行有机结合，形成极具民族特色的时尚单品。例如，设计师可将黎族传统的刺绣工艺融入现代时装设计中，制作出富有文化内涵的时尚服饰、手袋或鞋履。这种跨界设计不仅能丰富文创产品的种类，也能为时尚品牌增添文化价值，使其在市场中更具竞争力。其次，黎族服饰元素与室内设计的跨界融合，拓宽了文创产品的应用场景。黎族服饰中的色彩搭配、图案设计具有极高的装饰价值，可应用于室内空间的装饰设计中。例如，黎族传统几何纹样可被应用于墙纸、地毯、抱枕等家居饰品中，为室内空间增添独特的民族风情、文化氛围。这种跨界融合使黎族服饰元素不仅限于传统服饰领域，还在现代家居设计中得到了广泛的应用、传播。再次，黎族服饰元素与科技产品的跨界融合，也能为文创产品的创新提供新方向。例如，设计师可将黎族的图案或织锦纹样融入手机壳、电子产品外壳等科技产品的设计中，打造具有民族特色的科技文创产品。这种设计方式不仅让科技产品更具文化内涵，还能吸引对民族文化感兴趣的年轻消费者，从而扩大产品的市场受众。最后，黎族服饰元素的跨界融合还体现在旅游纪念品、文化体验产品的设计中。随着旅游业的发展，具有文化特色的纪念品越来越受到游客的欢迎。黎族服饰中的纹样、刺绣工艺等可以应用于各种旅游纪念品的设计中，如手工艺品、服饰配件、家居装饰等，形成具有民族特色的旅游文化品牌。游客不仅可以通过这些产品了解黎族文化，还能将其作为纪念品带回家，以此促进黎族文化的传播和推广。综上，黎族服饰元素的跨界融合，是文创产品创新中的重要趋势。通过与时尚、家居、科技等不同领域的结合，黎族服饰元素得以超越传统的服饰应用场景，在广泛的领域中得到推广。这种跨界设计不仅可提升文创产品的文化价值、市场竞争力，也可为黎族文化的传承与创新提供新的发展途径。

（三）黎族文化的品牌化发展

黎族文化的品牌化发展，是现代文创产品在市场中获得认可的重要策略。通过将黎族传统文化与现代品牌运营理念相结合，打造出具有鲜明文化特色、市场竞争力的文创品牌，不仅可促进黎族文化的传播，还能为当地经济发展和文化保护注入新活力。首先，黎族文化的品牌化发展，需要深入挖掘独特的文化内涵。黎族作为中国少数民族之一，拥有独特的历史、文化、传统工艺。设计师、品牌运营者在打造黎族文化品牌时，必须充分了解黎族的历史背景、文化象征、工艺传统，将黎族传统文化元素转化为品牌的核心价值。例如，品牌可通过使用黎族传统图案、手工艺和自然材料，打造出具有文化深度和视觉冲击力的产品，以此在市场中形成独特的品牌形象。其次，品牌化的发展需要借助现代营销手段，扩大黎族文化的影响力。通过运用互联网技术和新媒体平台，品牌可将黎族文化推广到更广泛的受众群体。例如，品牌可通过社交媒体平台发布黎族文化相关的内容，如产品设计过程、文化故事、手工艺展示等，吸引消费者的关注和兴趣。品牌还可通过与文化机构、博物馆、旅游景点合作，举办线下活动或展览，增强消费者对黎族文化的认知。再次，品牌化发展还需要注重产品的创新多样化。虽然黎族文化有着深厚的历史底蕴，但品牌要在现代市场中取得成功，必须不断进行产品创新，以此满足不同消费者的需求。例如，品牌可根据市场需求，推出涵盖服饰、家居、饰品、文具等多个领域的文创产品，打造出丰富多样的产品线。品牌还可推出限量版或合作款产品，吸引追求个性化、独特体验的消费者，从而提升品牌的市场竞争力。最后，黎族文化的品牌化发展离不开品质的保障。

成功的文化品牌不仅需要有鲜明的文化特色，还需要有高品质的产品作为支撑。品牌在生产过程中，必须严格控制产品的质量，确保每一件产品都能展现出黎族文化的精髓和工艺水平。只有销售高品质的产品，品牌才能在市场中建立良好的口碑和忠实的消费群体，从而实现长远发展。综上，黎族文化的品牌化发展是文创产品市场化的重要步骤。通过挖掘黎族文化内涵、运用现代营销手段、创新产品设计和保障产品质量，黎族文化品牌可以在现代市场中脱颖而出，获得消费者的青睐。不仅有助于黎族文化的传承和弘扬，也可为民族文化的商业化发展提供新模式与发展启示。

四、黎族服饰文化的国际推广

（一）国际时装展中的黎族元素

国际时装展为全球时尚设计师提供展示各国民族文化的舞台，黎族服饰作为中国少数民族文化的重要组成部分，逐渐走向国际时尚界，在各大时装展中崭露头角。黎族服饰的独特风格及深厚的文化底蕴，为现代时尚设计注入了新元素。通过国际平台，黎族元素得以在全球范围内推广与传播。首先，黎族服饰元素的文化符号性是其在国际时装展中备受关注的关键因素。黎族服饰中的动植物图案、几何纹样、色彩，承载着黎族人民对自然、宇宙、生命的独特理解。这些元素与现代设计理念相结合，具有极强的视觉冲击力，能在时装展中引发共鸣。例如，黎族传统的螺旋纹样象征着生命的循环与自然秩序，古老的符号在国际设计师的手中被重新诠释，可应用于高端时尚设计中，传递出深刻的文化寓意。其次，黎族服饰的手工工艺为国际时尚界带来了极具吸引力的原创性和独特性。黎族织锦和刺绣技艺复杂精细，充分彰显了手工制作的精湛技艺，使得每一件作品都具有极高的艺术价值。这些手工技艺在时装展上展示时，不仅能引发人们对传统文化的敬畏，还为现代设计提供了丰富的灵感来源。国际时装设计师通过与黎族手工艺人合作，将这些传统工艺融入现代时尚设计中，可创造出具有民族特色的限量时装系列。这种跨文化合作不仅可提升黎族文化的知名度，也使黎族服饰元素在国际时尚界获得认可。最后，国际时装展还可为黎族服饰创新设计提供展示机会。设计师通过将黎族传统服饰元素与现代时尚潮流相结合，可创造出更具市场接受度的时装作品。例如，设计师在黎族传统服装的基础上，融入了现代裁剪工艺、功能性面料，使其既能保留黎族文化的独特性，又符合国际市场的时尚审美。这种创新设计不仅可推动黎族文化的国际化传播，还能提升其在全球时尚产业中的竞争力。综上，国际时装展为黎族服饰文化的推广提供了广阔的国际平台。通过这些展览，黎族服饰元素不仅得以展示其独特的文化价值，还能为全球时尚界带来新的设计灵感。国际时装展的成功展示，不仅可帮助黎族文化在全球范围内获得更多关注，也可为未来黎族服饰文化的跨文化合作奠定基础。

（二）跨文化交流与黎族服饰传播

跨文化交流是黎族服饰文化走向世界的重要途径。随着全球化加速，民族文化的跨界合作、国际传播已成为文化推广的重要模式。黎族服饰通过与不同文化互动与交流，在国际舞台上不断扩展其影响力。首先，黎族服饰在跨文化交流中的成功，得益于独特的文化象征性。黎族服饰中的图案、颜色、工艺，蕴含着丰富的文化内涵，这些元素不仅代表着黎族的民族特色，还能与其他文化形成共鸣。例如，黎族服饰中的几何图案具有高度的抽象性、普遍性，能在不同文化的设计理念中找到相似之处。设计师通过对这些图案的重新演绎，使黎族服饰在国际设计领域得到了新解读。其次，黎族服饰的传播方式也随着时代的发展不断创新。在传统跨文化交流方式中，文化展示、学术交流是主要途径。现代科技的进步，互联网、社交媒体的普及，使黎族服饰文化能通过更加多样化的方式进行传播。例如，黎族服饰的设计制作过程可通过社交平台进行实时分享，吸引全球范围内的受众。数字化的传播方式打破了地理和文化的限制，使黎族服饰文化能够快速、广泛地传播到世界各地。再次，国际文化节、艺术展览、学术研讨会等平台也是黎族服饰文化传播的重要载体。这些跨文化活动为不同国家的设计师、学者、文化爱好者提供了深入了解黎族文化的机会。例如，在国际艺术节上，黎族服饰展示不仅是静态的展览，还可能通过服装秀、手工艺展示等动态形式呈现，让观众亲身体验黎族文化的魅力。这种形式的交流，不仅可促进文化的双向传播，还推动着黎族文化在国际文化圈中的深入发展。最后，通过跨文化交流，黎族服饰文化不仅被传播到了更广阔的国际舞台，也促使更多跨界合作机会的产生。国际设计师、品牌开始与黎族手工艺人合作，开发具有黎族元素的文创产品和时尚设计。这种合作不仅能提高黎族文化的国际影响力，也能为黎族服饰文化带来新经济价值，促进黎族文化的可持续发展。综上，跨文化交流为黎族服饰文化的传播提供了重要的路径。通过与不同文化的互动与合作，黎族服饰文化在全球化的背景下得到了更广泛的传播与认可。现代科技、平台的创新应用，也为黎族文化的全球推广提供了新机遇。

（三）国际设计中的黎族灵感

黎族服饰文化为国际设计界提供了丰富的灵感源泉。随着全球设计师对多元文化的关注日益增加，黎族服饰中独特元素——如纹样、色彩、材料、手工技艺等不断被融入国际设计中，成为跨文化创作的重要组成部分。首先，黎族传统纹样象征意义、美学价值为国际设计师提供了大量创作灵感。黎族服饰中动植物纹样、几何图案，通常具有丰富的文化寓意及象征性。例如，黎族服饰中的螺旋纹样象征生命的循环、自然秩序，这种具有哲学意涵的符号在国际设计中被重新解读，成为表达生命循环、自然力量等主题设计元素。设计师通过对黎族纹样的抽象化处理，创造出既具有文化深度又符合现代审美设计作品。其次，黎族服饰色彩运用也可为国际设计提供丰富的参考。黎族服饰以浓烈的色彩对比、巧妙的色彩搭配著称，如红、黑、蓝、白等色彩组合，既具有传统象征意义，也具有极强的视觉冲击力。在国际设计中，色彩组合用来表达民族风情、文化身份。例如，设计师可通过借鉴黎族传统红黑色对比，创作出具有强烈文化表达的时尚系列或艺术装置。黎族服饰色彩运用，不仅增添设计的视觉层次感，也赋予作品深刻的文化内涵。再次，黎族服饰中手工技艺也是国际设计师们汲取灵感重要来源。黎族传统织锦、刺绣技艺，手工制作的精细程度、复杂性，为现代设计提供独特的工艺参考。国际设计师通过与黎族手工艺人合作，学习、应用传统技艺，创造出既具有传统特色又符合现代需求的设计作品。例如，在高端时尚品牌中，黎族手工刺绣常被用来装饰高档礼服、配饰，体现出手工艺的精致与独特性。这种跨文化技艺传承与创新，不仅可丰富国际设计的表现形式，也可为黎族文化提供新的展示平台。最后，黎族服饰的材料运用也可为国际设计师带来启发。黎族服饰采用天然材料，如棉、麻、丝等，这些材料不仅环保，且具有独特的触感、质地。在现代设计中，环保与可持续发展的理念逐渐成为主流趋势，黎族传统天然材料及处理方式为此提供了重要参考。例如，设计师开始在作品中使用再生材料、天然纤维，以呼应环保理念，融入黎族文化的自然观念。这种材料的创新运用，不仅可提升设计作品的文化含量，也顺应全球可持续发展的设计趋势。综上，黎族服饰中的灵感元素在国际设计中得到了广泛的应用。设计师通过对黎族文化符号、色彩、工艺、材料的借鉴与创新，不仅丰富了现代设计的表达形式，还为黎族文化的全球推广开辟新途径。这种跨文化灵感的碰撞，推动着黎族服饰文化在国际设计领域中的传播与发展，也为全球设计注入新的创意活力。

第二章

黎族传统技艺

第一节

纺织技艺

一、纺线技艺

（一）原材料的选择与处理

1.棉、麻、丝等天然纤维的选用

黎族传统纺织技艺以天然纤维为主要原料，其中棉、麻、丝占据着核心地位。这些天然纤维的选用不仅反映着黎族人民对自然资源的利用，也体现着其独特的文化传承与审美观念。棉纤维作为一种柔软、透气、吸湿性良好的纤维材料，被用于日常服饰、家居织物的制作。棉纤维的长度、细度适中，易于纺纱、染色，能满足多样化的纺织需求。麻纤维则以其强度高、耐磨性好、透气性强的特点，适用于制作功能性较强的织物，如床上用品、袋子、防护服等。麻纤维的粗细度、刚性使其在纺纱过程中需要运用特殊的工艺处理。蚕丝因其光泽度高、手感柔滑、强度适中而被视为高档纺织品的原料。丝绸制品在黎族社会中象征着富裕与地位，常用于礼服与重要仪式服饰的制作。在选用天然纤维时，需要考虑多个因素。第一是纤维的物理特性，如长度、细度、强度、弹性，这些特性直接影响着纺纱的可纺性与织物的最终性能。第二是纤维的化学特性，包括吸湿性、染色性能、抗菌性等。这些特性决定着织物的舒适度、功能性。第三是环境、文化因素起着关键作用。黎族人民聚居的海南地区气候温暖湿润，适宜棉花和麻的生长，蚕桑业的发展也为蚕丝的获取提供了有利条件。

2.原材料的清理与晒干过程

原材料清理与晒干是纺线技艺中重要的环节，直接影响纤维的质量与纺纱的顺利进行。对于棉花,清理过程包括去除杂质、籽壳、短纤维,以确保纤维纯净度、长度一致性。传统上,黎族人民会使用手工挑拣和打击的方法,将棉花中的杂质和短纤维等剔除。清理后的棉花需要在阳光下充分晒干,以降低纤维的含水量,防止霉变和细菌滋生。麻纤维清理过程更加复杂。麻茎需要经过水浸渍、露天浸渍的工艺,使麻茎中的胶质物质分解,分离出纤维束。通过打麻、梳麻等工序,去除木质部分和杂质,以此获得纯净的麻纤维。麻纤维在晒干过程中,需精准控制温度、湿度,以防止纤维变脆或受损。蚕丝的获取过程涉及蚕茧的处理。蚕茧需要经过煮茧,在高温水中软化蚕丝的胶质,通过抽丝的方式,将连续的丝纤维从蚕茧中拉出。抽出的生丝要在干燥、洁净的环境中晾干,避免污染、断裂。蚕丝对环境的要求较高,晾晒过程中要避免阳光直射,以保持丝纤维的光泽、柔软度。清理与晒干过程中的每一个环节都要精细操作和严格控制。纤维的纯净度、干燥程度直接影响纺纱的质量。过多的杂质会造成纺纱过程中纱线断裂,过高的含水量会引起纤维粘连,影响纺纱的顺畅。黎族纺织工匠在长期的实践中积累着丰富的经验,对原材料的处理有着严格的标准与独特的技法。

3.不同方言区对纺织材料的偏好

由于地理环境、气候条件、文化传统的差异,黎族各方言区对纺织材料的选择偏好也有所不同。在哈方言区,棉花种植较为普遍,棉纤维成为主要的纺织原料。当地气候条件适合棉花生长,加之棉纤维易于纺纱、染色,从而满足人们对日常服饰和家居织物的需求。棉织品在哈方言区的服饰中占有重要地位,体现着当地的生活方式与审美倾向。杞方言区则偏好使用麻纤维。由于该地区土壤、气候适合种植苎麻和黄麻,麻纤维成为纺织的主要原料。麻织品的透气性、耐用性适应了当地炎热潮湿的气候,麻纤维制成的织物在日常生活和劳动中广泛使用。润方言区、美孚方言区则以蚕丝为主要纺织原料。当地自然环境适合桑树的生长,蚕桑业得到发展。丝绸织品在这些地区被视为高档纺织品,用于制作礼服、嫁衣等服饰。蚕丝的应用不仅体现着当地的经济水平,也反映着文化传统与社会结构。赛方言区在纺织材料的选择上更为多样化,棉、麻、丝纤维均有使用。多样性反映着赛方言区地理位置的独特性与文化的包容性。不同纺织材料的使用丰富了当地的纺织技艺和织物种类,也体现着黎族人民对自然资源的充分利用。

不同方言区对纺织材料的偏好不仅影响着纺织品的种类、风格,也对纺织技艺的发展产生着深远的影响。各地在长期的实践中形成了独特的纺纱方法、织造工艺、染色技术，使黎族纺织文化呈现出丰富多彩的面貌。

4.原材料质量对纺线品质的影响

原材料质量是决定纺线品质量的关键因素，对纱线强度、均匀性、光泽度、手感都有直接的影响。高品质的纤维材料能提高纺纱的效率，降低纱线断头率，生产出符合要求的优质纱线。棉纤维的长度、细度、成熟度直接影响纱线的强度、均匀性。长纤维棉能纺制细支纱，提高织物柔软度、舒适性。纤维的成熟度影响染色的均匀性与纱线的耐磨性。棉纤维中若含有较多的杂质和短纤维，会导致纺纱过程中纱线毛羽增多，影响织物外观质量。麻纤维的质量主要取决于纤维的细度、韧性。高质量的麻纤维纺出的纱线强度高、弹性好，织物具有良好的透气性、抗菌性。麻纤维的处理难度较大，若处理不当，纤维中残留的胶质会影响纺纱的顺利进行，造成纱线粗细不匀、手感粗糙。蚕丝的质量对纱线的光泽度、柔软性有决定性影响。优质的生丝纤维细长均匀，含胶量适中，纺出的丝线光滑柔软、富有光泽。蚕茧的质量、养蚕环境、抽丝的工艺都会影响生丝的品质。丝纤维中若含有杂质或断裂，会造成纱线不匀、断头率高，影响织物的整体品质。原材料质量对纺线品质的影响还体现在纺纱工艺的难易程度和纱线的物理性能上。高品质的纤维材料能降低纺纱的难度，提高生产效率，纱线的强度、弹性、耐磨性也会显著提升。低品质的纤维材料会增加纺纱难度，降低产品质量，甚至造成纺织品无法满足使用要求。因此，黎族纺织技艺高度重视对原材料的质量控制。在纤维选择处理过程中，工匠们积累了丰富的经验与技术工艺，通过严格的标准与精细的工艺，确保纺线原材料的高品质。这不仅是对传统技艺的尊重与传承，也是对织物质量、文化价值的保证。

（二）传统纺线工具的使用

1.手摇纺车的结构与操作方法

手摇纺车是黎族传统纺线技艺中最具代表性的工具，结构设计巧妙，充分体现着黎族人民在纺织领域的智慧结晶。手摇纺车主要由纺车轮、纺锭、传动装置、底座等部分组成。纺车轮通常采用坚硬的木材制作，直径适中，边缘光滑，以确保旋转的平稳性。纺车轮中央连接着纺锭，纺锭是纺线过程中的核心部件，用于牵引和卷绕纱线。传动装置包括手柄和皮带，手柄连接在纺车轮上，操作者通过摇动手柄，带动纺车轮、纺锭同步旋转。底座用于支撑整个纺车结构，保持其稳固性。操作手摇纺车需要一定的技巧与熟练度。首先，操作者坐在纺车前，将处理好的纤维（如棉、麻、丝等）制成纤维条，握在左手中。右手握住纺车的手柄，轻轻摇动，使纺车轮开始旋转。随着纺车轮旋转，纺锭同步转动，产生捻度。左手逐渐拉伸纤维条，使其与纺锭上的纱线相接，纤维在捻度的作用下被扭成纱线。操作者需协调手部的拉伸速度与手柄的摇动速度，确保纱线的粗细均匀、捻度适中。完成纺线后，纱线会自动卷绕在纺锭上，便于后续的储存、使用。手摇纺车操作需要长期的实践才能掌握。操作者需要注意以下四点：

第一，控制速度——摇动手柄速度应与拉伸纤维的速度相匹配，过快、过慢都会影响纱线质量。

第二，调节捻度——通过调整纺车轮的旋转速度，可控制纱线的捻度。捻度过大，纱线会过于紧密，影响柔软性；捻度过小，纱线强度不足，容易断裂。

第三，纤维供给——左手需要均匀地供给纤维，保持纱线的粗细一致。供给过多，纱线会变粗；供给不足，纱线会变细或断裂。

第四，姿势与力度——操作者的坐姿应端正，手部动作要轻盈灵活，避免用力过猛造成纺车的晃动或纱线的断裂。使用手摇纺车可提高纺线的效率与质量，使黎族纺织品在手感、耐用性方面具有独特的优势。

2.纺锤、纺轮等辅助工具的应用

在黎族传统纺线技艺中，除了手摇纺车外，纺锤和纺轮等辅助工具也扮演着重要角色。这些工具应用丰富了纺线方式，可适应不同纤维材料的纺线需求。纺锤是一种历史悠久的纺线工具，结构简单、便于携带。纺锤由一根细长的杆与一个圆形或椭圆形的重物（纺锤轮）组成。纺锤轮的重量提供着旋转的惯性，杆长度影响纺线的速度、捻度。使用纺锤纺线时，操作者一手持纺锤顶部，一手拉伸纤维。通过轻轻拨动纺锤，使其旋转，纤维在捻度作用下被扭成纱线。纱线逐渐卷绕在纺锤杆上。纺锤适用纺制细腻的纱线，如棉花、羊毛。纺轮是一种介于纺锤、纺车之间的工具，结构包括轮子、纺锭、支架。纺轮操作方式与纺锤类似，但由于有轮子辅助，旋转更为稳定持久。操作者用手推动纺轮，使其旋转，带动纺锭捻线。纺轮适用于处理较长的纤维，如麻纤维、丝纤维，能纺制出更为均匀、结实的纱线。这些辅助工具在纺线过程中具有诸多优势：

第一，灵活性强——纺锤、纺轮体积小、重量轻，便于携带，适合在不同场合、环境中使用，以此来满足黎族人民游牧与迁徙生活的需求。

第二，适用性广——不同纺织材料要运用不同的纺线工具，纺锤适合短纤维，纺轮适合长纤维，可满足多样化的纺线需求。

第三，技术传承——纺锤、纺轮的操作方法简单易学，是纺线技艺入门的基础工具，有助于技艺的传承、普及。在实际应用中，纺锤、纺轮不仅用于纺线，还被用于教学、技艺展示，体现着黎族纺织文化的丰富性。

3.纺线工具的地域差异

黎族人民居住在海南岛的不同地区，各地自然环境、资源条件、文化背景存在差异，造成了纺线工具在各方言区的不同发展和应用。哈方言区由于棉花种植较为普遍，纺线主要使用手摇纺车。手摇纺车适合处理短纤维的棉，能纺制出细致均匀的棉纱线。当地人民利用手摇纺车制作日常所需的服饰、家居用品，纺织技艺发达，产品丰富多样。杞方言区以麻纤维为主要纺织材料，纺轮成为主要纺线工具。纺轮适合处理长纤维的麻，能纺制出强度高、耐磨性好的麻纱线。麻纺织品在当地被广泛用于制作渔网、绳索和袋子等，满足了渔业和农业生产的需要。润方言区和美孚方言区盛行蚕桑业，蚕丝纺织品在当地具有重要地位。由于蚕丝纤维细长光滑，对纺线工具要求较高，当地改进了手摇纺车的设计，使其更适合纺制丝纤维纱线。纺车纺锭、传动装置经过优化，能实现更高的纺线速度与稳定的捻度控制，保证丝纱线的品质。赛方言区的纺线工具呈现多样化特点。由于该地区的纺织材料丰富多样，棉、麻、丝纤维均有使用，因此，手摇纺车、纺轮和纺锤等工具都在当地得到应用。当地人民根据具体的纺线需求和纤维特性，灵活选择、组合使用不同的纺线工具，体现黎族人民对自然资源的充分利用和对纺织技艺的深入掌握。纺线工具的地域差异，不仅反映着各地的资源禀赋、经济活动，也体现着黎族文化的多样性、包容性。这些差异丰富了黎族纺织技艺的内容，为后世技艺传承与创新提供了广阔的空间。

4.纺线工具的制作工艺

纺线工具的制作工艺是黎族传统技艺的重要组成部分，体现着工匠们对材料、结构、功能的深刻理解，制作纺线工具的过程包括选材、加工、组装、调试等环节。选材是制作纺线工具的首要步骤。工匠们需选择质地坚硬、纹理细密的木材，如榆木、柏木、桑木等，用于制作纺车轮、纺锭。这些木材具有耐磨、耐腐蚀、不易变形的特点，能保证纺线工具的耐用性、性能稳定。竹子、藤条用于制作纺锤杆、纺轮部件，因其质轻、弹性好，适合手持操作。在加工过程中，工匠们利用传统手工工具，如斧、锯、刨、凿等，对木材、竹子进行切割、雕刻、打磨。纺车轮制作要求有精确的尺寸与完美的弧度，纺锭形状、重量需精心设计，以确保纺线时的平衡稳定。纺锤杆部需要光滑、直挺，纺轮的轴承部分则需要润滑、耐磨。组装环节需将各个部件精密地组合在一起。纺车的传动装置包括皮带或绳索，需确保其张力适中、传动顺畅。工匠一般会采用榫卯结构与传统接合方法，使纺线工具具有良好的稳定性、耐用性。纺锭安装要确保旋转时无偏差，纺车轮平衡性要通过反复调整来实现。调试是制作纺线工具的最后一步，也是最关键的环节。工匠通过实际操作，对纺线工具的性能进行测试、调整。包括检查纺车轮旋转是否平稳、纺锭捻度是否均匀、传动装置是否灵活等。任何细微的偏差都会影响纺线的质量，因此调试的过程需要耐心、细致。纺线工具制作工艺不仅需要工匠们具备高超的手工技艺，还需要他们对纺织过程有深入的了解。只有理解了纺线工具在纺织过程中的作用要求，才能制作出性能优良的工具。纺线工具质量直接影响纺线的效率与纱线的品质，因此，工匠在制作过程中需秉持精益求精的态度，确保每一件工具都达到最高标准。纺线工具制作工艺也是黎族非物质文化遗产的重要组成部分，体现着传统技艺的传承与发展。通过对纺线工具制作工艺的保护与弘扬，既能保存珍贵的文化遗产，又能促进纺织技艺的创新进步。

（三）纺线的工艺流程

1.纤维的梳理与并条

纺线的工艺流程中，纤维梳理与并条是重要初始环节。整个过程直接影响纱线质量，以及后续纺织工序的顺利进行。纤维梳理旨在将原始纤维材料进行开松、除杂、理顺，使纤维呈现出均匀、顺直状态。黎族传统纺织中，主要使用棉、麻、丝等天然纤维，这些纤维经过采摘、初步处理后，仍存在结块、杂质、纤维缠结等问题，须通过梳理加以解决。

梳理过程一般采用手工工具，如木制梳棉板或竹制梳麻器。操作时，将纤维材料均匀地铺展在梳理工具上，利用梳齿拉扯、分离的作用，使纤维彼此分开，消除结块、杂质。

对棉纤维，梳理重点是去除籽壳、短纤维，确保纤维长度均匀。麻纤维由于纤维较长且含有胶质，梳理时需更大的力道，以分离纤维束。丝纤维相对光滑细长，梳理过程主要是理顺纤维，避免缠结。在纤维梳理完成后，进入并条工序。并条是将经过梳理的纤维条按照一定方向、顺序进行组合，使其形成粗细均匀、纤维平行排列的纤维条。并条目的是提高纤维的均匀性，减少纺纱过程中可能出现的纱线粗细不匀和弱捻点。黎族传统纺织中，并条一般采用手工操作，将多根纤维条逐渐重叠、拉伸和捻合，形成一致的纤维条。操作人员需要注意拉伸的纤维力度和速度，从而确保纤维条的均匀性。纤维梳理与并条不仅是物理操作的过程，也是技术与经验的体现。操作人员要根据纤维的特性、环境湿度、温度等因素，灵活调整操作方法。例如，在湿度较高的情况下，纤维容易粘连，需要适当增加梳理的力度；在干燥环境中，纤维易产生静电，需要放慢操作速度，防止纤维飞散。纤维的清洁程度也会影响梳理与并条的效果，前期原材料处理必须到位，从而提高梳理效率。

综上，纤维梳理与并条是纺线工艺中的基础环节，为后续纺线提供着质量保障。通过精细的梳理、准确的并条，纤维得以理顺、均匀排列，减少纺纱过程中的难点，提高纱线的品质。整个过程体现着黎族纺织技艺的精湛及对质量的追求。

2.纺线的捻度与均匀性控制

纺线的捻度与均匀性是决定纱线质量的关键因素，对织物强度、手感、外观都有直接影响。捻度指的是纱线中纤维的扭转程度，捻度大小影响纱线的强度、弹性，其均匀性涉及纱线粗细的一致性，直接关系到织物的平整度。

在纺线过程中，捻度控制需根据纤维类型、预期的纱线用途进行调整。在处理棉纤维时，适当的捻度能提高纱线的强度、耐磨性，但捻度过大会造成纱线过硬，影响织物的柔软性。麻纤维纱线由于纤维较长且粗糙，需要较高水平捻度来增加纱线的稳定性。蚕丝纤维纱线则因天然的光滑、柔软性，捻度需控制在较低水平，以保持丝线的光泽、手感。

捻度控制主要通过纺线工具的转速与纺线速度来实现。手摇纺车、纺锭的转速决定着纱线在单位长度上的扭转次数。操作人员要协调手部的拉伸速度与纺车的摇动速度，以此来确保捻度达到预期值。在需要较高水平捻度时，可加快纺车的旋转速度或减慢纱线的拉伸速度；相反，降低纺车转速或加快拉伸速度，可减少捻度。

均匀性控制要求操作人员在纺线过程中保持纱线供给的稳定性。纱线拉伸应均匀，供给量要适中，避免出现纱线粗细不匀的情况。手部动作要灵活且有节奏，左手控制纱线的拉伸，右手摇动纺车，双手配合默契。任何速度的变化都会影响纱线的粗细、捻度，从而造成质量问题。为提高捻度与均匀性的控制水平，黎族纺织工匠总结出了一系列技巧。使用手指感受纱线的张力，及时调整操作速度；观察纱线外观，发现异常及时纠正；在纱线供给过程中，适当调整纱线的厚度、松紧度。环境因素，如温度、湿度也会影响纺线质量，要根据实际情况进行调整。捻度与均匀性的精确控制需丰富的经验与高度的专注力。操作人员不仅要熟悉纺线工具的性能，还要对纤维的特性和纺线原理有深入的理解。唯有在理论、实践的结合下，才能纺制出质量优良、符合要求的纱线，为后续织造工序奠定基础。

3.纺线过程中的技巧与要领

纺线过程中的技巧与要领是黎族纺织技艺的核心内容，直接关系纱线的质量与生产效率。这些技巧主要体现在操作方法、手部协调、对工具的熟练运用上。

首先，手部的协调配合十分重要。纺线过程中，左手负责纱线的拉伸、供给，右手负责摇动纺车或纺锭，双手要保持节奏一致。左手拉伸要均匀平稳，避免纱线断裂或供给不足。右手摇动要保持恒定速度，确保捻度稳定。手眼协调也是关键，操作人员要随时观察纱线的状态，及时调整操作。

其次，纤维预处理与供给技巧也会影响纺线的顺畅性。纤维在梳理与并条后，需留有适当的松散度，以便于拉伸、捻合。纤维过于紧密会增加拉伸难度，过于松散又容易造成纤维飞散。操作人员需根据纤维的类型、特性，调整纤维条的厚度和松紧度，以此确保纺线过程的连续性。

再次，捻度调整、控制技巧需经验的积累。通过手感、视觉观察，操作人员可判断纱线的捻度是否合适。若发现纱线过于紧密或松散，需及时调整纺车的转速、拉伸速度。熟练的工匠能在纺线过程中灵活应对各种情况，保持纱线质量稳定。

最后，在工具维护、使用技巧上。纺车、纺锭需要定期检查、保养，确保旋转顺畅、传动灵活。纺线过程中，如果发现工具异常，如纺车晃动、纺锭卡滞等，需立即停下调整。工具状态良好是纺线质量的重要保障。

4.纺线质量的检验与保存

纺线质量的检验与保存是纺织工艺流程中的最后环节，以此确保纱线在后续的织造过程中发挥最佳性能。质量检验需要从多个方面进行评估，包括纱线的捻度、均匀性、强度、外观等。捻度和均匀性的检验可通过手感、目测来完成。操作人员可取一段纱线，轻轻拉伸，感受其弹性、强度。捻度适中的纱线具有一定的弹性，拉伸后能迅速恢复。均匀性检验则需观察纱线的粗细是否一致、表面是否光滑、有无毛羽和结头。强度的检验可通过拉伸试验来进行。取一定长度的纱线，逐渐增加拉力，观察纱线的断裂点、断裂力。强度合格的纱线应在预期拉力范围内断裂，且断裂处应整齐，无明显的纤维滑脱。外观的检验主要包括检查纱线的颜色、光泽、洁净度。纱线需无明显的色差、污渍和杂质，表面光滑，有光泽。对后续的染色、织造都有重要影响。检验合格的纱线需要进行妥善保存。纱线的卷绕与存放是重要步骤。纱线卷绕在纱锭或纱管上，要求卷绕紧密适度，避免松散、过紧。存放时，要将纱线置于干燥、通风、避光的环境中，防止受潮、霉变、虫蛀。纱线需避免直接接触地面、墙壁，可放置在架子或箱柜中。在保存过程中，要定期检查纱线状态。如发现纱线受潮或出现霉斑，须及时处理，采取晾晒或更换包装等措施。对不同纤维类型的纱线，应分类存放，防止混淆、交叉污染。纱线的标识、记录也是重要的管理措施。每批纱线需注明纺制日期、纤维类型、捻度参数、数量等信息，便于后续使用、追溯。纺线质量的检验与纱线的保存不仅关系纱线本身的品质，也直接影响后续的织造工序与最终织物的质量。黎族纺织工匠在长期的实践中，形成了一套完整的质量管理体系与保存方法，可确保纱线在整个纺织流程中保持最佳状态。

（四）纺线技艺的传承与创新

1.传统纺线技艺的家族传承方式

黎族传统纺线技艺的传承方式主要以家族传承为核心，是黎族社会文化的重要特征。家族传承不仅是技艺的延续，也是文化、信仰、生活方式的传递。在黎族社会中，纺线技艺通常由母亲传授给女儿，或由祖母传授给孙女，这种口传心授的方式确保了技艺的纯正性、连续性。在家族传承过程中，技艺学习与日常生活密切相关。年轻一代从小在家庭环境中耳濡目染，观察长辈的纺线过程，逐渐对纺线工具的使用、纤维的选择、纺线的技巧产生初步认识。随着年龄增长，长辈会有意识地指导她们参与实际操作，从简单纤维梳理开始，逐步学习纺线的要领。家族传承方式的优势是技艺的细致传授与经验的深入分享。由于家庭成员之间的亲密关系，长辈可在实践中不断纠正、完善年轻一代的技艺，传递技艺中的细微之处与独特技巧。家族传承还赋予纺线技艺丰富的情感、文化内涵，使其不仅是一项技能，也是一种身份认同、文化传承的象征。家族传承方式也面临着挑战。现代社会发展造成家庭结构的变化，年轻一代外出求学或工作的机会增多，与家庭共同生活的时间减少，传统技艺传承环境受到影响。为应对这些挑战，需探索多元化的传承方式。例如，社区可组织纺线技艺的集体学习、交流活动，鼓励不同家庭和年龄段的人共同参与。政府、文化机构也可介入，以此来支持纺线技艺的保护与传承，通过设立非物质文化遗产项目、认定传承人等方式，促进黎族传统技艺的延续。

2.现代技术对纺线的影响

现代技术的发展对黎族纺线技艺产生了深远的影响，既带来了机遇，也提出了挑战。

首先，机械化纺织设备出现，可提高纺线的效率。现代纺纱机能以高速、稳定的方式生产出大量的纱线，满足市场对纺织品的巨大需求。这种机械化生产方式也使传统手工纺线技艺的生存空间受到挤压，手工纺线的独特价值面临被忽视的风险。

其次，化学纤维、新型材料的普及，改变着纺织行业的原材料结构。合成纤维以成本低、性能稳定等优势，逐渐取代了部分天然纤维的市场地位。对以棉、麻、丝等天然纤维为主要材料的黎族纺线技艺来说，其带来原材料供应与市场需求的双重压力。现代技术也为纺线技艺的创新发展提供了新的可能。数字化技术可用于记录、保存纺线技艺的全过程，通过高清影像、数字档案，将纺线的每一个步骤、技巧、经验详细记录下来，以此形成宝贵的文化遗产资料。互联网的普及也使纺线技艺传播、交流突破了地域限制，在线教学、直播演示等形式，使社会大众有机会了解传统技艺。

最后，现代技术还可与传统纺线技艺相结合，促进技艺的升级与创新。

例如，利用先进的染色技术改进传统的植物染料方法，提高色彩稳定性、丰富度。通过引入新纺纱设备，在保留手工特色的过程中，提高纺线的效率。通过科技手段，还可开发出具有特殊功能的纱线，如抗菌、保暖等，拓展纺线技艺的应用领域。

3.纺线技艺的教育与培训

纺线技艺的教育与培训是黎族传统技艺传承发展的关键环节。在传统家族传承方式受到挑战的背景下，系统教育培训显得十分重要。首先，教育机构需发挥积极作用。在黎族聚居区的中小学，可将纺线技艺纳入地方课程，让学生从小接触、了解本民族的传统技艺。通过课堂教学与实践活动，培养学生对纺线技艺的兴趣。职业学校、高等院校可设立纺织专业，系统教授纺线的理论知识与实践技能，为纺织行业培养专业人才。其次，社会培训机构、文化组织可举办纺线技艺的培训班、工作坊，面向不同年龄、背景的群体。邀请技艺精湛的传承人担任导师，传授技艺核心技巧经验。培训内容可结合理论与实践，既注重技能培养，又强调文化内涵的理解。再次，政府、社会组织需支持纺线技艺的教育与培训工作。通过政策扶持、资金资助、项目支持，改善培训条件，提升教学水平。对优秀的技艺传承人与教育工作者，可给予表彰奖励，鼓励其继续为技艺的传承作贡献。最后，现代科技也为纺线技艺的教育与培训提供了新手段。利用互联网平台，可开展线上教学，制作教学视频、数字教材，方便更多人学习。虚拟现实技术的应用，可模拟纺线的操作过程，让学习者获得更直接的学习体验。

4.纺线技艺在当代的应用与发展

新时代背景下纺线技艺的应用与发展呈现出多元化趋势。随着人们对传统文化、手工艺品的重视，纺线技艺在现代生活中找到了新定位。首先，纺线技艺与时尚产业结合，可创造出独具特色的服饰和配饰。设计师将手工纱线的质感与传统图案融入现代设计，推出一系列兼具民族特色与时尚感的产品。这些产品在市场上受到欢迎，不仅可满足消费者对个性化的需求，也能提升黎族纺线技艺的知名度。其次，纺线技艺在文化创意产业中发挥着重要作用。利用手工纱线制作的艺术品、家居装饰品、文创产品等，具有独特的审美价值与文化内涵。这些产品在展览、旅游纪念品市场中备受青睐，已成为传播黎族文化的重要载体。再次，纺线技艺还可与现代科技相结合，开发新应用领域。例如，利用环保材料、可持续生产方式，制作符合绿色理念的纺织品。将纱线与智能技术结合，开发功能性纺织品，如智能穿戴设备等，满足人们对健康科技的需求。最后，政府、社会各界的支持对纺线技艺的应用与发展至关重要。通过政策引导、资金支持、平台搭建，可为纺线技艺发展创造良好的环境。例如，通过举办各类文化活动、技艺比赛展览，提高纺线技艺社会影响力，吸引广泛的人群关注参与。

二、黎族织锦工艺

（一）哈方言区的织锦技艺与图案特色

1.哈方言区织锦的历史渊源

哈方言区的黎族织锦技艺源远流长，具有深厚历史背景。织锦技艺起源可追溯到黎族先民定居海南岛后的早期阶段，当时黎族人民通过与周边民族进行文化交流，逐渐发展出自己独特的纺织技艺。哈方言区作为黎族的主要聚居地，地理位置相对独立，使当地的织锦技艺在较长的时间内保持较为原始的风貌，也保留了丰富的文化符号、象征。随着时间的推移，哈方言区的织锦技艺在明清时期逐步成熟，并开始与周边的汉族、苗族等民族的纺织工艺产生相互影响。这种互动使哈方言区的织锦不仅具备黎族传统的独特风格，还吸收了其他民族纺织技艺的优势。织锦技艺逐渐在黎族社会中形成独特的文化象征，成为女性展示家庭地位、手工艺水平的关键载体。特别是在婚嫁、祭祀、节庆等重大场合，织锦成为不可或缺的装饰品，承载着深厚的文化与社会意义。哈方言区的织锦技艺被列为非物质文化遗产，得到系统的保护与传承。政府与文化部门通过多种渠道，积极推广传统工艺，不仅在教育、展览中推广织锦技艺，还通过与旅游业、文创产业的结合，增强织锦的经济价值与文化影响力。哈方言区的织锦技艺因此不仅得以保留，还在现代社会中焕发出新生机。

2.哈方言区织锦图案的主题与风格

哈方言区的织锦以丰富的图案与多样的主题而著称。这些图案不仅是视觉艺术的呈现，也是黎族文化、信仰、生活方式的表达载体。织锦图案主题主要源于黎族人民对自然崇拜与在日常生活中的观察，涵盖了自然界的动植物、天体现象，还有黎族社会的神话传说和宗教信仰。

自然景观在织锦图案中频繁出现。山脉、河流、太阳、月亮等自然元素在图案中被抽象化为几何形状，象征着黎族人与大自然和谐共处的观念。这些自然景观图案不仅具有装饰性，还承载着深刻的文化内涵，如太阳象征生命与力量，山脉代表稳定与守护。

动植物也是织锦图案中的重要主题。黎族人民生活在热带雨林地区，丰富的动植物资源为设计师的图案设计提供了新灵感。常见的动植物图案包括鸟、鱼、鹿、蛇等动物，及树木、花卉等植物。这些图案不仅反映着黎族人的日常生活，也蕴含着特定的寓意。例如，鸟类常被用来象征自由、幸福，鱼类代表繁荣与富足。

几何图案是哈方言区织锦风格中的重要元素。几何图案设计多采用对称结构，体现着黎族人对平衡与和谐的追求。菱形、螺旋纹、十字图案等几何形状在织锦中被广泛运用，既有装饰功能，也被赋予了象征意义，如螺旋纹代表着生命的循环与无尽，十字图案则寓意保护与祝福。

哈方言区织锦的风格特点是图案设计注重层次感、空间感。通过精巧的线条设计与图案排列，织锦呈现出多维的艺术效果，既有平面装饰性，又通过线条、色彩的变化营造出深度、立体感。这种风格使哈方言区的织锦在视觉上具有极强的感染力。

3.哈方言区织锦图案的颜色搭配与审美特点

哈方言区的织锦不仅以丰富的图案而闻名，颜色搭配也是其审美特色的重要组成部分。黎族人民对颜色的敏感运用展现了黎族人民独特的审美观。织锦一般采用大胆的色彩组合，通过对比与过渡，营造出强烈的视觉效果与深刻的文化意义。

红色在织锦中占据主导地位，象征着生命、活力、吉祥。在黎族文化传统中，红色被赋予喜庆、神圣的象征意义，在婚礼、节庆场合，红色织锦是不可或缺的。黑色象征稳重与神秘，常与红色搭配使用，以增强图案立体感、视觉冲击力。白色在织锦中常作为对比色，象征纯洁和光明，用来平衡强烈的色彩对比。蓝色、黄色等用于丰富织锦的色彩层次，蓝色代表宁静与智慧，黄色象征丰收与富足。

哈方言区的织锦颜色搭配注重对比与和谐的平衡。黎族织工通过高饱和

度的色彩对比，展现出织锦的活力与动感，通过细腻的渐变色调处理，使色彩过渡自然，增强织锦的柔和感、层次感。这种色彩搭配体现着黎族人民对色彩美学的深刻理解，既保留了民族传统的热情与生命力，又赋予织锦丰富的视觉层次。

哈方言区织锦在颜色运用上还与特定的文化象征和季节变化相关。在新年、婚礼等场合，红色、黄色织锦象征着吉祥与繁荣；在丧葬、祭祀活动中，黑色、白色织锦象征肃穆与神圣。不同场合、用途的织锦在色彩选择上表现出高度的文化敏感性与审美认知，使织锦不仅是装饰品，也是一种文化符号。

4.哈方言区织锦在服饰中的应用

哈方言区织锦在黎族传统服饰中占据重要地位，不仅作为装饰元素存在，也是身份、地位、文化认同的象征。黎族服饰体系复杂多样，织锦的使用在其中起到点缀与装饰的双重作用，在节庆、婚嫁、宗教仪式等特殊场合中，织锦不可或缺。女性服饰中，织锦主要用于上衣、裙子、腰带等部位。上衣的袖口、领口、下摆常用织锦精心装饰，既起到美观的效果，也通过复杂的图案、色彩展示女性的纺织技艺、家庭背景。裙子多采用织锦面料制作，整体图案精美、色彩艳丽，突出女性的优雅与高贵。头饰、腰带等配件的织锦以细致的纹样、鲜明的色彩强化女性的身份地位。男性服饰中，织锦的应用则相对简洁但不失庄重。织锦多用于腰带、披肩、鞋履等配饰。黎族男性腰带以宽幅织锦为主，图案精细、色彩鲜明，既实用又美观，象征着力量与身份。披肩也是男性服饰中的重要部分，采用织锦图案的披肩不仅保暖，还增添了服饰的层次感与民族特色。

织锦在黎族服饰中的应用体现着强烈的文化功能。通过织锦的图案、色彩、工艺，人们可以识别佩戴者的身份、年龄、婚姻状况、家族背景。不同图案、颜色组合也传达着特定的文化信息，如鸟类图案代表祝福、鱼类图案象征繁荣等。在社交、宗教场合，织锦服饰是人与人之间沟通交流的重要媒介，具有凝聚族群与强化文化认同的作用。

随着时代发展，哈方言区的织锦在现代服饰中的应用也在不断创新。设计师结合现代时尚潮流，将传统织锦元素融入现代服饰设计中，开发出适应当代审美的时尚服装、饰品。这种创新不仅可保留黎族织锦的文化特色，还能增强其市场竞争力，使织锦在全球化的时代背景下焕发出新的生命力。

（二）杞方言区的织锦技艺与服饰特点

1.杞方言区织锦的工艺流程

杞方言区的黎族织锦工艺流程具有复杂严谨的特点，既体现着黎族传统纺织技艺的精髓，又反映了杞方言区独特的文化积淀。织锦制作主要包括纤维处理、染色工艺、织造工艺等多个环节，整个过程依赖手工操作，对技艺要求极高。

一是纤维处理，纤维处理是织锦制作的基础。杞方言区常用的纤维材料包括棉纤维、麻纤维、蚕丝纤维等。这些材料在采集后需要经过清理、梳理、并条等工序，确保纤维的长度一致、质地均匀。清理是去除杂质的关键步骤，可确保纤维在纺线过程中不会断裂或缠绕。纤维处理的质量直接影响纱线的细腻程度与织锦的最终质感。

二是染色工艺，染色工艺是杞方言区织锦的重要特点。当地人使用天然植物染料进行染色，常用染料包括蓝靛、茜草、黄檀等，这些染料不仅色彩丰富，而且具有环保性。染色过程需要严格控制温度、染料浓度、浸泡时间，以保证色彩的均匀性、持久性。杞方言区染色技艺独具匠心，一般采用分段染色的方式，使同一条纱线呈现出不同的色彩渐变效果，为织锦增添丰富的层次感。

三是织造工艺，这是织锦制作的核心环节。杞方言区织锦主要采用传统背带式织机，织工通过手工操作，将染色好的纱线按照预定的图案编织成锦。织造过程中，织工要高度专注，确保纱线的紧密度、图案的清晰度。每个图案完成都需反复调整经线、纬线，手工织造的速度较慢，能保证每一块织锦都具有独特的质感与工艺价值。

整个工艺流程体现着杞方言区对织锦制作的严谨态度与对美的追求。每一个环节都要经过精心操作，任何一步出现失误都会影响织锦的整体效果。

2.杞方言区织锦的特色纹样与符号解析

杞方言区的织锦纹样以丰富的文化内涵与精美的图案设计著称。这些纹样不仅是艺术表达的形式，更承载着黎族人民对自然、社会、精神世界的理解与信仰。织锦中的动植物纹样、几何图形、宗教符号是最具代表性的元素，每种符号都有独特的意义。首先，动植物纹样是杞方言区织锦中最常见的设计元素。这些纹样以当地常见的动植物为基础，通过艺术化处理呈现在织锦上。例如，鸟类纹样象征着自由与幸福，它们在织锦中常为飞翔的姿态，寓意生命的自由与希望。鱼类纹样则代表着丰收与繁荣，在婚礼织锦中，鱼类纹样表达对新婚夫妇生活富足的祝福。植物纹样，如花卉、树木，象征着生命力、自然的富饶。其次，杞方言区织锦采用几何图形，如菱形、螺旋纹、对称的线条。这些几何图形既有装饰功能，也承载着特定的象征意义。菱形象征着黎族人对大地的崇拜，代表着土地的丰饶与稳定。螺旋纹象征生命的循环与延续，常用于表达对祖先、后代的祝福。再次，宗教符号在杞方言区的织锦中占据重要位置。黎族人民信奉万物有灵，织锦中的宗教符号，如太阳纹、十字图案等反映着黎族人民对自然力量的敬畏与对神灵的崇拜。太阳纹常被置于织锦的中心位置，象征光明、力量、生命源泉。十字图案表达对祖先和神灵的保护，常用于祭祀或与宗教仪式相关的织锦中。最后，这些纹样与符号不仅可丰富杞方言区织锦的艺术表现形式，也深刻体现着黎族人民的世界观与价值观。通过纹样设计，织工可将自身对自然、精神世界的理解融入织锦中，使每一件织锦都成为文化与艺术的载体。

3.杞方言区织锦在传统节庆服饰中的作用

在黎族传统节庆活动中，杞方言区的织锦不仅作为服饰的装饰元素存在，还扮演着重要的文化象征和社会功能。织锦是节庆服饰中最为重要的组成部分，代表着人们对祖先、自然、神灵的敬意，也传递着家庭与社区的和谐与团结。婚礼是织锦应用最为广泛的场合。在黎族的婚礼传统中，新娘的婚礼服饰须用织锦精心制作，织锦颜色、图案、制作工艺都直接关系到新娘家族的社会地位、婚礼的隆重程度。婚礼织锦通常采用鲜艳的红色，象征吉祥、喜庆，图案多为鱼类、花卉，表达对新人生活富足、子孙繁荣的祝福。在祭祀仪式中，织锦扮演着重要角色。杞方言区的黎族人民信奉万物有灵，祖先崇拜是其信仰的重要组成部分。在祭祀活动中，织锦不仅用于装饰祭坛，还作为祭品的一部分，献给神灵、祖先。祭祀织锦的图案设计充满宗教意味，如太阳纹、十字纹等，表达了对神灵的敬畏与祈求祝福。节庆活动如丰收节、春节等，也是织锦展示的重要场合。黎族人民在节庆期间穿上盛装，织锦成为展示家庭财富与技艺的象征。在丰收节期间，织锦图案多为植物纹样，象征着丰收与富饶，传递了对自然的感恩之情。织锦在节庆服饰中的使用，不仅可增添节日的仪式感与庄重感，还加强了社区的凝聚力、文化认同感。因此，杞方言区织锦不仅是装饰服饰的材料，也是一种文化符号，承载着黎族人民的情感与信仰。在传统节庆活动中，织锦作为服饰的关键组成部分，展示着黎族人民对生活的热爱及对未来的美好期盼。

4.杞方言区织锦的文化意义

杞方言区的黎族织锦不仅是纺织技艺，还具有深刻的文化意义，承载着丰富社会功能、文化价值。首先，织锦作为黎族文化的重要组成部分，体现着黎族人民对自然、生命、精神世界的深刻理解。织锦图案、符号传递着黎族独特的世界观，表达着黎族人民对自然的崇敬与对神灵的敬畏。通过纺织技艺体现的文化表达，可使织锦成为黎族文化传承的重要载体。其次，织锦在黎族社会中扮演着身份认同的角色。不同家族、部落、区域的人们通过织锦的图案和颜色区分身份、地位。例如，织锦颜色、纹样暗示佩戴者的社会地位、年龄、婚姻状况。在传统社会中，织锦是展示家庭财富、手艺水平的重要标志，女性纺织技艺直接关系家庭的声誉与社会地位。杞方言区的织锦还具有重要的经济价值。黎族人民通过织锦的制作与交易，增加家庭的收入，促进了社区间的经济交流。在节庆、婚礼等重要场合，织锦不仅是服饰的一部分，也是礼品、纪念品的重要形式。随着旅游业发展，杞方言区的织锦逐渐成为文化创意产品的一部分，吸引了更多的市场关注，从而推动了当地经济的发展。最后，织锦的文化意义还体现在其对族群认同与凝聚力的增强上。作为黎族文化的象征，织锦不仅是物质文化遗产，也是精神文化的体现。通过制作使用织锦，黎族人民可加强对自身文化的认同感，增进了族群内部的团结。织锦不仅是黎族传统文化的象征，也是黎族人民在现代社会中保持文化独立性、自信的重要标志。总之，杞方言区的黎族织锦不仅具有精湛的技艺与丰富的艺术表现力，还承载着深厚的文化意义。既是黎族历史和社会发展的见证，也是文化传承的重要载体，展示着黎族人民的智慧与创造力。

（三）润方言区的织锦工艺与文化内涵

1.润方言区织锦的独特技法

润方言区的黎族织锦工艺以独特的技法闻名，充分展现当地黎族人民在纺织领域的创造力与手工艺水平。这些技法不仅继承了黎族传统纺织技艺的核心精髓，还在长期实践中形成了具有鲜明区域特色的织造工艺。润方言区的织锦技法主要体现在复杂的经纬线交织结构、手工染色工艺、背带式织机的独特操作等方面。首先，经纬线的交织是润方言区织锦技艺的基础。在润方言区，织工采用的传统织机能在复杂的交织结构中精确操作，通过调整经线、纬线的密度和排列方式，织造出丰富的图案、纹样。技法要求织工具备极高的手工精度和对图案设计的敏锐把控，稍有不慎就会影响织锦的整体质量与视觉效果。润方言区织锦以高密度的织造与极细的线条表现闻名，使图案细腻、色彩饱满。其次，手工染色是润方言区织锦工艺中的重要步骤。当地使用的染料主要来自天然植物，如蓝靛、黄檀等，这些植物染料不仅能赋予织物鲜艳的色彩，还具有环保特点。润方言区的染色技法讲究分段染色和渐变染色的结合，通过控制染料浓度与染色时间，使纤维呈现出多层次的色彩效果。这种渐变式的色彩处理手法不仅可提升织锦的视觉美感，还赋予织物独特的艺术表现力。最后，背带式织机是润方言区织锦的重要工具。与其他方言区使用的传统织机不同，背带式织机允许织工通过腰部和手部的配合控制织机的操作。织机不仅便于携带，并且操作灵活，适合制作各种复杂的纹样。织工能通过对经线和纬线的精准控制，编织出极为复杂的几何图案、符号。这种织机使用体现着润方言区织工在长期实践中积累的经验、智慧。

2.润方言区织锦的图案与民族信仰的关联

润方言区的黎族织锦图案不仅是视觉装饰，也是黎族文化中宗教信仰与精神世界的重要象征。润方言区黎族人民信奉万物有灵，织锦图案承载着他们对自然、祖先、神灵的敬畏与崇拜。这些图案通过艺术化的处理，传递着黎族人民对宇宙万物的理解，以及他们与自然界和谐共处的信仰。

在润方言区，太阳纹是织锦中最常见的宗教符号，象征着光明、生命、能量。黎族人民认为太阳是万物生长的源泉，给予大地光明和温暖。因此，太阳纹常出现在宗教仪式织锦中，作为对神灵的敬献。太阳纹设计会采用放射状的几何线条，表现出太阳的无限能量与普照万物的象征意义。

蛇纹也是润方言区织锦的重要元素。蛇在黎族文化中具有双重象征意义，既代表着生命的再生与永恒，也象征着保护与威胁的力量。在某些宗教仪式上，蛇纹被视为保护神灵的符号，用来驱邪避灾。织锦中的蛇纹设计常采用螺旋形和波浪形的图案，象征着生命的延续与变化。

润方言区黎族人民崇拜自然界的动植物，动植物纹样在织锦中占据重要地位。例如，鸟类纹样象征自由与精神的升华，鱼类纹样象征丰收与繁荣。植物纹样如树木和花卉，代表生命力和自然的富饶。这些图案不仅装饰着织锦，还传递着黎族人民对自然、生命的崇敬。

润方言区织锦中，图案不仅是艺术表达的形式，也是一种宗教信仰的象征。通过这些图案，黎族人民将他们的宗教信仰和宇宙观念具象化，赋予了织锦深刻的文化内涵，使织锦成为连接现实世界与精神世界的纽带。

3.润方言区织锦作品的艺术价值

润方言区的织锦作品不仅具有实用功能，还被广泛认为是艺术价值极高的手工艺品。这种织锦的艺术价值主要体现在图案设计的复杂性、色彩运用的独特性、整体构图的艺术性等方面，展示着黎族人民高超的纺织技艺与精湛的工艺水平。首先，润方言区的织锦以其极为复杂的图案设计著称。这些图案多源自黎族人民对自然界的观察与对传统文化符号的抽象化处理。几何图案如菱形、螺旋纹的对称设计在润方言区织锦中占据着主要地位，这些图案不仅具有视觉上的美感，还通过复杂的线条与结构传递出深刻的文化意义。织工通过高超的技术手段，使图案在织锦上展现出极高的精细度、清晰度。其次，润方言区织锦在色彩运用上也具有很高的艺术价值。当地使用的天然染料赋予织锦鲜明的色彩，通过对色彩进行精心搭配、层次化处理，织锦作品呈现出强烈的视觉冲击力。织锦中红、黑、黄、蓝等色彩不仅各具象征意义，还可通过渐变、对比的方式增强织锦的立体感与层次感。织工通过对染料浓度、染色时间的掌控，使色彩过渡自然，营造出丰富的视觉效果。最后，润方言区的织锦在整体构图上也体现着高度的艺术性。每一件织锦作品不仅是图案、色彩的简单组合，还是经过精心设计的艺术品。织工通过对图案的排列、构图的设计，营造出和谐、对称的艺术效果。每一件织锦都有着精细的构思，体现黎族工匠在美学、工艺上的卓越能力。润方言区的织锦作品因此被视为极具收藏价值的艺术品，其不仅是黎族文化的重要象征，也是民族工艺美学的重要体现。随着现代文化产业发展，润方言区的织锦艺术逐渐走向国际舞台，成为展示黎族文化魅力的重要媒介。

4.润方言区织锦在社会生活中的地位

润方言区的织锦在黎族社会生活中占据着重要地位，既作为日常生活中的必需品，又作为文化、身份认同的象征，可应用于各种社会活动和仪式中。织锦不仅具有实用功能，还体现着社会地位、宗教信仰、文化传承。

在日常生活中，润方言区的黎族人民在服饰、家庭装饰方面很用心。织锦面料被用于制作衣物、被褥、腰带等，这些织物既美观又耐用，体现着黎族人民对生活品质的追求。妇女的日常服饰中，织锦成为展示纺织技艺的重要部分，服饰上的图案、颜色会传递出佩戴者的年龄、婚姻状况、家庭背景等信息。

在婚礼和节庆仪式中，织锦的作用十分突出。婚礼上，新娘的婚服须由精美的织锦制成，织锦的图案、色彩不仅表达了对幸福婚姻的祝愿，还象征着新娘家庭的经济实力、社会地位。节庆期间，织锦作为仪式服饰的主要材料，展示着人们对传统文化的尊重与继承。

在祖先崇拜和祭祀活动中，织锦作为供奉品、祭坛装饰，不仅具有美观的功能，还承载着黎族人民对祖先、神灵的崇敬与祈愿。在宗教仪式中，织锦被认为是与祖先、神灵沟通的媒介，特殊图案、颜色组合用来传达敬意和祈福之意。这些织锦不仅是装饰品，也是宗教信仰的物质载体，具有神圣的象征意义。社会地位与身份认同是润方言区织锦在黎族社会生活中的重要功能。黎族社会中，织锦是展示家庭财富、手工技艺、社会地位的重要体现。织锦的制作使用不仅是女性的重要技艺，体现着她们的劳动价值、艺术创造力，也是家庭地位的象征。通过织锦质量、图案复杂程度、色彩的丰富性，外界可判断出一个家庭的社会地位与经济实力。黎族人民会通过在重要节日、社交场合中穿戴织锦服饰，展示个人、家庭的荣誉和成就。

（四）赛方言区与美孚方言区的织锦艺术

1.赛方言区织锦的风格特点

赛方言区的黎族织锦以鲜明的风格特点、独特的审美价值在黎族纺织文化中占有重要地位。赛方言区织锦的主要特点是图案设计的简约与对称性、色彩运用的单纯和大胆。与其他方言区相比，赛方言区织锦在图案上倾向于几何纹样和抽象设计，线条简洁有力，凸显出黎族人民对平衡与秩序的追求。赛方言区织锦图案以菱形、三角形、方形等基本几何形状为主，通过这些形状的组合和排列构成丰富的视觉效果。几何图案排列一般遵循对称性的原则，使织锦作品显得整齐有序，给人以强烈的空间感、立体感。这种对称性设计不仅可增强织锦的艺术表现力，还象征着黎族人民对自然秩序与生命循环的理解。在色彩方面，赛方言区的织锦主要使用红、黑、白三种基本色调。红色在赛方言区的织锦中象征着生命力、热情、喜庆，可作为织锦的主色调，常运用在节庆、婚礼服饰中。黑色象征庄重、力量，可作为背景色或边框色，增强图案对比度、立体感。白色作为点缀色，起到调和和衬托的作用。这三种颜色的组合形式简单，但通过色彩之间的对比、过渡，可使织锦呈现出独特的张力与韵律感。赛方言区织锦注重织物的质感和手感。由于该地区自然资源丰富，织工多使用本地出产的棉纤维、麻纤维，以及天然植物染料，使织锦不仅在视觉上具有极高的审美价值，而且触感柔软细腻、耐用性强。这种对材质和工艺的重视，体现着赛方言区织工对织锦工艺精益求精的态度。总的来说，赛方言区的织锦风格独具一格，强调简约的几何美感与色彩的强烈对比。不仅体现了黎族人民对艺术秩序的追求，也展示了他们对自然、生命的深刻理解。赛方言区的织锦因其独特的风格，在黎族织锦艺术中占据着重要的位置。

2. 美孚方言区织锦的色彩与纹样

美孚方言区的织锦以色彩丰富、纹样复杂而著称，是黎族织锦艺术中最具装饰性、视觉冲击力的代表。与赛方言区的简约风格不同，美孚方言区的织锦讲究繁复的图案设计与色彩的多样化运用，每一件作品都充满了生动的视觉细节与文化象征。首先，美孚方言区的织锦在色彩运用上展现出高度的层次感和色彩对比技巧。美孚方言区的织工喜欢使用多种颜色进行搭配，常见的有红、黄、蓝、绿、黑等颜色。这些颜色组合不仅丰富了织锦的视觉效果，还通过色彩的对比、衬托，增强了织物的层次感、立体感。在祭祀、婚礼等重要场合使用的织锦中，色彩的丰富性更为明显，红色象征喜庆，黄色象征丰收，蓝色则象征宁静与智慧。其次，渐变色的运用是美孚方言区织锦色彩的重要特点。织工通过染色技巧的精妙运用，使同一种颜色在织锦上呈现出由深到浅的自然过渡效果。这种渐变处理不仅可增强织锦的视觉层次，还使色彩表现更加柔和流畅。这种处理方式要有极高的技艺水平和对染料的精确控制，是美孚方言区织锦技艺中重要组成部分。再次，在纹样设计上，美孚方言区的织锦以复杂的动植物图案与宗教符号为主。常见的纹样包括花卉、鸟类、鱼类、蛇等，每一种动植物图案都有特定的象征意义，如鸟类代表自由与升华，鱼类象征富足与繁荣，蛇寓意生命的循环与再生。宗教符号如太阳纹、月亮纹、螺旋纹等也在美孚方言区的织锦中占据着重要地位，这些符号不仅具有装饰作用，还传达着黎族人民对自然和神灵的敬畏与崇拜。最后，美孚方言区的织锦在结构布局上更为复杂，常通过多层次的图案叠加形成复杂的纹样组合。织工通过对纹样的重复、变形、对称排列，使织锦在视觉上显得繁复而有序，既体现着对传统文化符号的尊重，又展示着织工的创造力。因此，美孚方言区织锦以多样化的色彩与复杂的纹样为特色，展现着黎族人民丰富的想象力与高超的技艺水平。

3. 两种方言区织锦的比较分析

赛方言区与美孚方言区的织锦虽然同属黎族织锦艺术的范畴，但由于地理环境、文化背景、工艺传承的不同，两者在风格、色彩运用、纹样设计上表现出明显的差异。在风格特点上，赛方言区织锦注重简约的几何美学与对称的结构布局，整体风格清晰明快，强调图案的秩序感、线条的流畅性。美孚方言区织锦更具装饰性，图案复杂多变，喜欢通过层层叠加的动植物纹样和宗教符号创造出丰富的视觉效果。两者在审美追求上呈现出截然不同的取向，赛方言区注重理性与秩序，美孚方言区则崇尚丰富与多样。在色彩运用上，赛方言区织锦倾向于使用红、黑、白三色进行对比，色调相对单纯，通过高对比度的颜色组合可营造出强烈的视觉冲击力。美孚方言区织锦则使用丰富的色彩组合，包括红、黄、蓝、绿等多种颜色，通过渐变处理和多层次的色彩叠加，可增强织锦的色彩层次感、立体感。两者的色彩处理反映着不同的美学理念，赛方言区追求色彩的简洁与对比，而美孚方言区强调色彩的丰富与变化。在纹样设计上，赛方言区织锦以几何图案为主，纹样设计简洁而有力，通常会通过对称结构来呈现出均衡和谐的视觉效果。美孚方言区以复杂的动植物纹样、宗教符号为主，图案繁复且富有装饰性。赛方言区的几何纹样表现出黎族人民对平衡与秩序的理解，而美孚方言区的动植物纹样则展示了他们对自然与生命的赞美与崇敬。因此，赛方言区和美孚方言区的织锦在风格、色彩、纹样上形成了鲜明的对比，体现着黎族织锦艺术的多样性、丰富性。这种差异不仅反映着地理、文化背景的不同，也展示着黎族人民在不同区域中对美的不同追求。

4. 织锦技艺对赛方言区和美孚方言区文化的影响

赛方言区、美孚方言区的织锦技艺在当地文化中占据着重要地位，深刻影响着这两个方言区的社会结构、文化传承、日常生活。首先，织锦技艺在经济与社会地位中发挥着重要作用。在传统黎族社会中，织锦不仅是生活必需品，也是衡量家庭经济实力、社会地位的重要指标。在婚礼、节庆等重要场合，使用的织锦质量直接影响到家庭的声誉与社会地位。织锦技艺精湛的女性在社会中享有较高的地位，纺织能力不仅代表着家庭的经济能力，也体现着她们的手工技艺和文化传承能力。其次，织锦技艺对文化传承有着重要影响。赛方言区、美孚方言区的织锦技艺通过家庭代际传承的方式得以保存。女性在成长过程中从母亲或祖母那里学习纺织技艺，不仅是手工技艺的传承，也是文化、信仰、生活方式的传递。通过织锦的制作使用，黎族人民传承着他们的历史记忆、文化符号、社会规范。最后，随着现代社会发展，织锦技艺在文化复兴与旅游业中的作用也日益显著。近年来，黎族织锦作为非物质文化遗产得到广泛关注，赛方言区、美孚方言区的织锦艺术不仅被视为当地文化的重要组成部分，还成为吸引游客和促进经济发展的文化产品。通过文化创意产业和旅游业的结合，黎族织锦得以在现代社会中焕发出新的生命力。总之，赛方言区、美孚方言区的织锦技艺对当地文化产生着深远的影响，其不仅是一种艺术表现形式，也是当地经济、社会、文化生活的重要组成部分。通过传承与创新织锦技艺，黎族人民保持着自身文化认同，也在现代社会中找到了新的发展机会。

刺绣技艺

一、黎族单面绣

（一）黎族单面绣的历史渊源

1. 单面绣的起源与发展

黎族单面绣的起源可追溯至新石器时代。早在黎族先民在海南岛定居之初，他们便开始利用当地丰富的自然资源，如棉花、麻和丝绸等，进行简单的纺织和刺绣活动。单面绣最初的形式可能源于人们对实用需求的满足，如装饰衣物、增加布料的耐用性等。随着时间的推移，单面绣逐渐从实用性功能演变为一种具有审美价值与文化内涵的艺术形式。黎族单面绣的发展过程深受地理环境、社会结构、文化信仰的影响。海南岛独特的热带气候与丰富的生物资源，为黎族人民提供了多样的染料、纺织材料。这些天然资源的利用，促进刺绣技艺的多样化发展。黎族人民崇尚自然，信奉万物有灵，这种信仰深刻地体现在刺绣图案的选择设计中。早期的刺绣图案以自然元素、动植物、宗教符号为主，反映着黎族人民对自然和祖先的崇敬。在黎族社会中，刺绣技艺主要由女性掌握与传承。母亲将技艺传授给女儿，形成了代代相传的传承模式。刺绣不仅是手工技艺，也是女性表达情感与审美的重要方式。她们通过针线，将对生活理解、对自然感悟及对美的追求融入刺绣作品中。随着社会发展，刺绣技艺在黎族社会中逐渐占据重要地位，成为衡量女性才艺和家庭地位的标准。黎族单面绣的发展还受到外来文化影响。历史上，海南岛曾是海上丝绸之路的重要节点，黎族与其他民族之间的贸易与文化交流频繁。这种交流为黎族单面绣带来了新材料、技法、图案元素。例如，丝绸、金银线的引入，使刺绣作品更加华丽，技法也更加多样化。汉族的刺绣技艺和图案风格也对黎族单面绣产生了影响，促进技艺的融合创新。综上，黎族单面绣的起源与发展是从实用性到艺术性、从单一到多元的过程。整个过程不仅体现着黎族人民对生活和美的追求，也反映着黎族人民在历史变迁中与自然、社会及其他文化的互动与融合。

2.历史时期的技艺演变

黎族单面绣在不同历史时期经历着技艺的不断演变、提升。这种演变受到社会环境、文化交流、技术发展的共同影响，以此形成丰富多样的刺绣风格、技法。

在唐宋时期，黎族单面绣逐渐从简单的线条、图案，发展为具有复杂性的刺绣作品。这个时期，随着中原文化的南传，黎族与汉族之间的交流日益频繁。汉族先进的纺织、刺绣技艺开始影响黎族的传统技法。黎族刺绣开始引入更多的针法，如平针绣、回针绣等，图案设计也受到汉族传统图案的启发，增加了云纹、花卉等元素。染色技术的进步使刺绣色彩更加丰富，色调搭配更加和谐。

在元明时期，黎族单面绣技艺进入了新发展阶段。政府对海南岛的开发及对黎族地区的控制加强，使黎族与外界的联系更加密切。该时期，刺绣技艺在图案设计与技法运用上都有着显著的提升。刺绣作品开始出现更为复杂的图案，如龙凤、麒麟等神话动物，以及更加精细的几何纹样。技法上，盘金绣、打籽绣等高级刺绣技法被广泛应用，作品的艺术水平得到了提高。

在清代时期，黎族单面绣技艺达到了高峰。清政府对少数民族文化的重视，使黎族刺绣得以在较为稳定的社会环境中发展。刺绣作品在这一时期主题更加多元化，除传统自然、宗教题材外，还开始出现反映社会生活和民俗活动的图案。技法上，绣工们在传统技法的基础上进行创新，形成了独具特色的黎族刺绣风格。在色彩运用上，开始大胆尝试多种颜色的搭配，以此形成强烈的视觉效果。

在近现代时期，黎族单面绣技艺在社会变革浪潮中迎来了新机遇。随着工业化、现代化的推进，传统手工艺受到机器生产的冲击，刺绣技艺的传承面临困难。随着民族文化的复兴和对非物质文化遗产的重视，黎族单面绣重新受到关注。现代绣工开始将传统技艺与现代设计理念相结合，创作出既保留传统特色又符合现代审美的刺绣作品。政府、文化机构也积极开展刺绣技艺的保护和传承工作，以此建立培训基地，培养新一代的刺绣传承人。

3. 单面绣在黎族文化中的地位

黎族单面绣在黎族文化中具有重要地位，既是物质文化的体现，也是精神文化的载体。承载着黎族人民的历史记忆、审美情趣、价值观念，深刻影响着黎族社会的方方面面。

首先，单面绣是黎族女性的重要技艺，在社会生活中占据着核心地位。刺绣能力不仅是衡量女性才艺的重要标准，还是婚嫁、社会交往中的关键因素。精通刺绣的女性在社区中享有较高的声望，她的作品被视为家庭荣誉的象征。刺绣技艺的传承主要通过母女之间的口传心授，这种传承方式强化了家庭纽带与文化认同。

其次，单面绣是黎族文化传承的载体。刺绣图案中蕴含着丰富的文化符号与象征意义，如自然崇拜、祖先信仰、社会伦理等。通过刺绣，黎族人民将对自然、社会、人生的理解以艺术的形式表达出来。刺绣作品成为记录、传承民族历史、民俗风情的重要媒介。

再次，单面绣在宗教、礼仪活动中发挥着重要作用。在婚礼、祭祀、成人礼等重要仪式中，刺绣作品是必不可少的。不仅具有装饰功能，也被赋予了特殊的宗教文化意义。例如，婚礼中的刺绣服饰象征着吉祥、美满，祭祀中的刺绣用品则体现着对祖先与神灵的崇敬。

最后，单面绣在增强民族凝聚力和文化自信方面具有独特的作用。作为黎族文化的重要象征，刺绣作品展示了黎族人民的智慧与创造力。通过对刺绣技艺的保护和弘扬，黎族人民增强了对自身文化的认同感。对维护民族团结和促进文化多样性具有积极意义。

综上所述，黎族单面绣在黎族文化中扮演着重要角色。不仅是一种精湛的手工艺，也是黎族人民生活方式、价值观念、精神信仰的综合体现。

（二）单面绣的工艺特点

1. 刺绣针法的种类

黎族单面绣以其多样化的刺绣针法闻名，这些针法经过代代相传和不断创新，形成了独具特色的技艺体系。主要的刺绣针法包括平针绣、回针绣、锁绣、打籽绣、盘金绣等，每一种针法都有独特的技法特点与艺术效果。

平针绣是最基础的刺绣针法，也是黎族单面绣中最常用的针法。特点是针脚平直、排列紧密，适用于绣制大面积的色块与表现平滑的线条。绣工在操作时，需保持针脚长度一致，针与针之间距离均匀，以确保绣面的平整度、美观度。平针绣的简洁性、可塑性，使其成为表现多种图案的理想选择。

回针绣又称反针绣，是在平针绣的基础上发展而来的。特点是针脚交错排列，以此形成更为紧密的绣面，适用于表现细腻的线条与复杂的纹样。回针绣要求绣工具备高度的耐心和精湛的技艺，精准掌控针脚的方向、力度，才能达到预期的艺术效果。

锁绣是一种用于勾勒图案轮廓的针法，特点是针脚环绕绣线，从而形成锁扣状的线条。锁绣具有立体感、装饰性，常用于强调图案的边缘和细节部分。绣工在操作时，要控制好绣线的松紧度，确保线条流畅、统一。

打籽绣是一种装饰性很强的针法，用于绣制点状或颗粒状的图案，如花蕊、果实等。特点是在绣面上形成凸起的小结，增加作品质感、立体感。打籽绣要求绣工在同一位置反复穿刺，从而使绣线形成饱满的结点，对针法的熟练程度要求较高。

盘金绣是黎族单面绣中最具特色和高级的针法。它采用金线或银线，通过盘绕、固定，形成华丽的金属质感图案。盘金绣一般用于礼仪服饰与重要的装饰品，体现出高贵和典雅。由于金线质地特殊，绣工在操作时需要格外小心，以此确保线材不受损，针法流畅自然。

这些丰富多样的刺绣针法，为黎族单面绣艺术表现提供了广阔的空间。绣工会根据不同的图案需求、表现效果，灵活运用各种针法，创造出独具匠心的刺绣作品。这些针法的传承与创新，体现着黎族人民的智慧和对艺术的热爱，也为民族文化的丰富性增添了色彩。

2.线材与色彩的选择

线材与色彩的选择是黎族单面绣工艺的关键环节，对服饰作品的质感、色彩表现、艺术效果具有直接影响。黎族绣工在长期实践过程中，积累着丰富的经验，善于根据服饰作品的需求选择合适的线材、色彩搭配。

线材选择主要包括棉线、麻线、丝线、金银线等。棉线质地柔软、吸色性好，适合绣制细腻的纹样与色彩丰富的部分。麻线强度高、质感粗犷，多用于表现立体感强的图案与勾勒轮廓。丝线光泽度高、手感细腻，是高级刺绣作品的首选线材，适合表现精致的细节。金银线用于盘金绣，可增添作品的华丽感与高贵气质。

色彩的选择在黎族单面绣中具有特殊的意义。绣工会采用的颜色有红、黑、白、黄、蓝、绿等色，每种颜色都具有特定的文化象征。红色象征热情、喜庆、生命力，是最常用的主色调。黑色代表庄重、神秘，常用于勾勒轮廓和增强对比。白色象征纯洁、光明，常用作辅助色调和整体色调。黄色象征富足与丰收，蓝色代表宁静与智慧，绿色寓意生命与希望。

色彩搭配方面，黎族绣工注重色彩的对比与协调，通过冷暖色调的结合和明暗层次的处理，增强作品的视觉效果。例如，红黑搭配形成强烈的视觉冲击，蓝白组合则营造出清新淡雅的氛围。绣工们还善于利用渐变色和过渡色，使色彩层次更加丰富，增强作品的立体感。

在选择线材与色彩时，绣工需考虑作品的用途、主题。例如，在婚礼服饰中，红色、金色的线材常被大量使用，以突出喜庆、富贵的氛围。在祭祀、宗教场合，黑色、白色和深蓝色的线材则被优先选用，体现出庄严肃穆的气质。

线材与色彩的巧妙组合，使黎族单面绣作品呈现出独特的艺术魅力与文化内涵。绣工通过对线材质地、色彩的精确把握，可创造出既具有视觉美感，又富含深刻意义的刺绣作品。这种对线材、色彩的精湛运用，充分体现着黎族人民的艺术智慧。

3. 图案布局与构图技巧

黎族单面绣的图案布局与构图技巧是作品艺术表现的重要环节，其直接影响着作品的整体美感与文化传达。绣工在长期实践中形成独特的构图原则、技巧，注重对称性、节奏感、空间层次的处理。

对称性是黎族单面绣构图的基本原则。绣工常采用左右对称、上下对称或中心对称的布局方式，使作品呈现出平衡稳定的视觉效果。这种对称性不仅符合人们的审美习惯，还象征着和谐与完美，体现着黎族人民对美好生活的追求。

节奏感在构图中扮演着重要角色。绣工通过图案的重复、变形、排列，创造出富有韵律的视觉效果。例如，将同一元素按不同的大小、方向排列，可形成视觉上的起伏变化，从而增强服饰作品的动态感。节奏感的运用使刺绣作品更加生动活泼，富有生命力。

空间层次的处理是构图技巧的高级表现。绣工善于利用前后关系、大小对比、色彩深浅营造出作品的空间感、立体感。例如，在同一作品中，利用颜色的明暗对比与线条的粗细变化，可凸显出主要图案，弱化次要元素，从而形成主次分明的空间布局。层次感的处理能使服饰作品具有更强的艺术感染力。

构图技巧还体现在对图案与留白的巧妙处理上。绣工懂得留白的艺术，通过留有适当的空白区域，增强服饰作品的通透感、呼吸感，避免过于繁复造成视觉疲劳。留白区域也能为观者留下想象的空间，增加作品的深度。

在图案布局中，绣工注重文化符号的正确运用组合。不同的图案元素要按照特定的文化规范、美学原则进行排列，从而准确地传达作品的主题内涵。绣工需要具备深厚的文化素养与艺术修养，从而在构图中达到形式与内容的完美统一。

图案布局与构图技巧的精妙运用，使黎族单面绣作品在视觉上具有强烈的吸引力、艺术性。绣工通过对构图元素进行精心设计安排，可创造出既符合传统美学，又具有现代审美价值的刺绣作品，从而丰富民族艺术的表现形式。

4.单面绣的工艺流程

黎族单面绣的工艺流程严谨而复杂，每一个步骤都要求绣工细致操作并具备专业技能。整个工艺流程主要包括图案设计、备料准备、刺绣制作、作品整理四个阶段。

图案设计是刺绣的起点，也是决定作品质量的关键环节。绣工要根据作品的用途、主题、文化内涵，选择合适的图案元素，并进行构图与布局设计。整个过程中，绣工要具备丰富的想象力与深厚的文化知识，以此确保图案既美观，又能准确传达特定的意义。

备料准备包括线材、布料、工具选择、处理。绣工根据设计需要，选取合适的线材，如棉线、丝线、金银线等，将其按照颜色、粗细分类。布料选择十分重要，通常选用质地细腻、色泽纯正的布料，以保证刺绣的效果。工具方面，针的型号、剪刀、绷架等都需要精心准备。

刺绣制作是整个工艺流程的核心部分。绣工按照设计好的图案，在布料上进行刺绣。这个过程中，需要熟练运用各种针法，控制好针脚的力度、方向，保持线条的流畅与色彩的均匀。刺绣制作需要高度的专注力、耐心，任何疏忽都会影响作品的质量。

作品整理是完成刺绣的最后阶段。绣工要对作品进行全面检查，修整线头、清理绣面，必要时进行洗涤、熨烫。对需要装裱的作品，还需要进行专业的装裱处理，使其具备展示、收藏的价值。

整个工艺流程体现黎族单面绣的专业性、艺术性。绣工在每个环节都倾注了大量的时间精力，以此确保作品的质量、艺术水平。这种严谨的工艺流程，不仅保证着刺绣作品的高品质，也传承着黎族人民的工匠精神。

（三）单面绣在服饰中的应用

1. 日常服饰中的单面绣装饰

黎族单面绣在日常服饰中的应用广泛且丰富，是黎族人民生活中不可或缺的艺术元素。刺绣装饰不仅提高了服饰的美观性和独特性，还承载了深厚的文化内涵，体现了佩戴者的身份、审美和情感。

上衣是日常服饰中最常见的刺绣载体。黎族女性的上衣通常在领口、袖口和衣襟处绣有精美的图案，这些刺绣既起到装饰的作用，又能加强衣物的耐用性。图案以花卉、鸟类和几何纹样为主，色彩鲜艳、对比强烈，彰显出女性的柔美和活力。

裙子和裤子也是刺绣装饰的重要部位。绣工在裙摆、裤腿处绣上连续的图案，可增加服饰的动感、层次感。男性裤子刺绣相对简洁，以几何纹样、线条为主，体现出男性的稳重与朴实。女性裙子刺绣则更为丰富，图案精细、色彩多样，展现出女性的优雅与精致。

头巾和围巾等配饰上的刺绣也十分常见。绣工在边缘、角落处绣上小巧精致的图案，使配饰既实用又美观。头巾上的刺绣还具有象征意义，如婚姻状态、年龄等，是黎族女性表达身份的重要方式。

鞋子和腰带等服饰配件上的刺绣为整体装扮增色不少。刺绣鞋子的制作工艺复杂，绣工在鞋面上绣制细腻的图案，可使其成为一件艺术品。腰带上的刺绣则强调线条的流畅、图案的连续性，既实用，又具有装饰效果。

日常服饰中的单面绣装饰，不仅体现着黎族人民对美的追求，也展示着黎族人民对生活的热爱和对文化的传承。通过刺绣，日常服饰被赋予较强的艺术价值与文化内涵，逐渐成为黎族文化的重要组成部分。

2. 礼仪服饰中的刺绣设计

在黎族礼仪活动中，刺绣服饰具有特殊地位、意义。礼仪服饰中刺绣设计更为精致、复杂，图案、色彩选择都经过精心考量，体现着对传统文化与宗教信仰的尊重。婚礼服饰是刺绣艺术的集大成者。新娘婚服通常以红色为主调，寓意喜庆、吉祥。刺绣图案多为象征美好爱情与幸福生活的元素，如鸳鸯、凤凰、花卉等。绣工在制作时，会运用多种针法和丰富的色彩，精心绣制出华丽的图案，以此彰显婚礼的庄重。祭祀服饰中的刺绣设计注重庄严、肃穆。图案以宗教符号、祖先图腾、自然元素为主，如太阳、月亮、山川等，体现着黎族人民对祖先和神灵的崇敬。多采用黑色、白色和深蓝色，以此营造出神秘而庄重的氛围。节庆服饰的刺绣设计充满着欢乐的氛围。绣工在服饰上绣制富有节日气氛的图案，如舞蹈场景、庆典场面等，色彩鲜艳、构图丰富，体现着节日的喜庆和热闹。礼仪服饰中的刺绣设计，不仅展示了绣工的高超技艺，也承载着深厚的文化内涵。通过刺绣，礼仪服饰被赋予了特殊的意义，成为黎族人民表达情感、传承文化的载体。

3.单面绣在配饰中的运用

单面绣在黎族的各类配饰中也得到了广泛应用，为人们生活增添了艺术色彩。这些配饰包括头饰、手袋、腰带、鞋子、首饰等，刺绣的加入使它们既实用，又具有审美价值。头饰上的刺绣通常用于点缀、装饰，绣工在头巾、发带、帽子上绣制小巧精致的图案，以此增加配饰的美观性。头饰刺绣还具有象征意义，可反映佩戴者的身份、婚姻状况、社会地位。手袋、腰带等日常用品，通过刺绣的装饰，可提升其品位与艺术感。绣工在手袋表面绣上独特的图案，使每一件手袋都成为独一无二的艺术品。腰带上的刺绣强调线条的流畅与图案的连续性，既实用，又具有装饰效果。鞋子上的刺绣装饰不仅美观，还可增强鞋子的耐用性。绣工在鞋面、鞋帮处绣制精美的图案，使其与整体服饰相得益彰。刺绣鞋子在婚礼、节庆等重要场合尤为常见，体现着佩戴者的身份地位。首饰如项链、手镯、耳环等，也常融入刺绣元素。绣工将刺绣与金属、珠子等材料巧妙结合，创造出独具特色的首饰品。这些刺绣首饰不仅美观，还具有文化内涵，展示着黎族人民的创新精神。单面绣在配饰中的运用，可丰富黎族人民的生活，增强其文化的表达形式。这些刺绣配饰既是实用物品，也是艺术品，彰显着黎族人民对美的追求和对生活的热爱。

4.单面绣与服饰美学

单面绣在黎族服饰美学中扮演着重要角色，其艺术价值、美学意义深刻影响着黎族的服饰文化。刺绣赋予服饰以生命，使其成为艺术与文化的载体。形式美感是刺绣对服饰美学的直接贡献。刺绣的线条、纹样、色彩，丰富着黎族服饰的视觉效果。绣工通过对线条的流畅处理、图案的巧妙布局、色彩的合理搭配，可使服饰呈现出和谐统一的美感。色彩美学在刺绣服饰中得到充分体现。黎族单面绣注重色彩的对比与协调，强调利用色彩的冷暖、明暗、饱和度，营造出丰富的视觉效果。色彩运用不仅考虑到审美需求，还体现着文化内涵，使服饰具有深层次的意义。文化表达是刺绣服饰美学的重要组成部分。刺绣图案承载着黎族的历史、信仰、价值观，体现着民族文化的独特性。通过刺绣，服饰成为传递文化信息与表达情感的媒介，增强服饰的内在价值。个性化是刺绣服饰美学的重要特点。绣工在创作中融入个人的理解，使每一件刺绣服饰都具有独特性。佩戴者通过刺绣服饰，表达个人的审美品位与身份认同，从而增强服饰的个性化特征。单面绣与服饰美学的结合，使黎族服饰成为具有高度艺术价值的文化载体。刺绣赋予服饰以灵魂，提升了其审美层次和文化内涵，为黎族文化的传承发展作出贡献。

（四）单面绣图案的文化内涵

1.图案主题的选择

黎族单面绣的图案主题丰富多样，深刻反映着黎族人民的生活环境、社会结构、文化信仰。绣工在选择图案主题时，既要考虑美学效果，又要注重文化内涵的表达。自然元素是图案主题的主要来源。黎族人民崇尚自然，绣工将山川河流、日月星辰、花草树木等自然景观融入刺绣图案中，表达自身对自然的敬畏与热爱。例如，太阳、月亮的图案象征光明和生命力，花卉、树木则代表繁荣和生机。动植物图案在刺绣中也占有重要地位。常见的有鸟类、鱼类、蛇、蝴蝶等，每种动物都有特定的象征意义：鸟类象征自由、幸福，鱼类代表富足、繁荣，蛇寓意智慧和生命的循环。通过这些图案，绣工们表达对生活的热爱及对美好未来的期盼。神话传说和宗教符号也是重要的图案主题。黎族神话故事、宗教信仰丰富多彩，绣工们将其中的经典形象和符号融入刺绣中，如龙凤、神兽、宗教符号等，体现了创作者对祖先和神灵的崇敬。日常生活场景也是刺绣图案的重要内容。绣工们将生产劳动、婚礼庆典、舞蹈表演等场景艺术化地呈现在刺绣作品中，记录、传承黎族的社会生活和文化习俗。图案主题选择是刺绣作品文化内涵的基础，绣工们通过对主题的精心挑选和艺术表现，赋予作品以深刻的意义，使刺绣成为黎族文化的重要载体。

2.色彩搭配的文化解读

色彩在黎族单面绣中具有特殊的文化意义。不同色彩象征不同的情感与价值观，绣工在色彩搭配中，既考虑到视觉效果，又注重文化内涵的表达。红色象征热情、生命力、吉祥，是最常用的色彩，特别是在婚礼、节庆中。黑色代表庄重和神秘，常用于宗教、祭祀等场合。白色象征纯洁、光明，常用作辅助色。黄色寓意富足、丰收，蓝色象征宁静和智慧，绿色代表生命和希望。绣工通过对色彩的精确把握，创造出富有层次感与立体感的作品。色彩搭配还与作品主题、用途密切相关。在婚礼刺绣中，红色、金色的组合突出喜庆、富贵；在祭祀刺绣中，黑色、白色的搭配体现庄严、肃穆。色彩搭配的文化解读，使刺绣作品具有多重意义。观者不仅欣赏到色彩的美感，还能体会到其中蕴含的文化内涵、情感表达。

3.图案传达的情感与信仰

黎族单面绣的图案是情感和信仰的直接表达。绣工通过对图案的精心设计和刺绣，传递内心情感、信仰、愿望。对自然的崇敬是刺绣图案的关键主题。绣工将自然元素融入作品，表达对山川、河流、日月星辰的敬畏，体现人与自然的和谐共处。对生命的赞美也经常体现在刺绣中。通过动物、植物的纹样，绣工表达对生命力的赞美及对社会繁荣的期盼。对祖先和神灵的信仰在刺绣中占有重要地位。宗教符号、神话图案的运用，具有深刻的宗教与文化意义。对美好生活的向往是刺绣作品中普遍的情感表达。吉祥图案和符号，如双喜、富贵花等，象征着对幸福生活的追求。图案传达的情感与信仰，使黎族单面绣作品充满了生命力和艺术感染力。绣工们通过刺绣，表达内心的情感和信仰，赋予作品以灵魂，使其成为文化传承的关键载体。

二、黎族润方言区双面绣

（一）双面绣的定义与起源

1.双面绣的基本概念

双面绣是一种高度复杂的刺绣技艺，其最显著的特征是图案在织物的正反两面展现相同的纹样与色彩。不同于单面绣，双面绣要求绣工在绣制时保持正反两面的图案完全一致，且针脚隐匿不见。这种独特的工艺不仅对技术要求极高，还要求绣工在设计与构图时具有极强的艺术感知力与空间意识。双面绣不仅是装饰手段，也是一种工艺文化的传承，充分展示着黎族人民在纺织工艺领域的高度创造力与技术能力。黎族润方言区的双面绣，以复杂的构图与精湛的技法成为黎族刺绣的代表。作为结合实用性、艺术性的刺绣工艺，双面绣被广泛应用在服饰、饰品、家居装饰等领域，体现着黎族人民对美的追求。其不仅反映着黎族人对自然与生活的深刻理解，也体现着黎族人民对刺绣技艺的精益求精。通过双面绣，黎族人民将他们的自然崇拜、祖先信仰、社会生活的多样性转化为织物上的美丽图案，创造出独具文化特色的艺术形式。

2.润方言区双面绣的历史背景

润方言区双面绣起源于海南岛黎族的早期发展阶段。历史上，黎族人民生活在相对独立的岛屿环境中，与外界隔绝的环境促使黎族人民发展出独特的文化传统。随着时间的推移，双面绣从最初的实用性装饰逐渐演变为具有文化象征意义的手工艺品。在黎族社会结构中，刺绣不仅是日常生活中的实用技艺，还承载着人们对于自然、祖先、生活的理解与情感表达。

润方言区双面绣起源于对精湛工艺的追求与对生活美学的重视。在黎族社会中，双面绣不仅被用于装饰衣物，还作为礼品、宗教用品出现在各种重要场合，如婚礼、祭祀等。随着社会发展，双面绣技艺逐渐与黎族人民的生活紧密相连，成为展示身份、地位、财富的重要手段。这种技艺传承不仅是家庭内的重要仪式，也体现着黎族社会中女性在文化传承中的核心地位。

3.双面绣与单面绣的区别

双面绣与单面绣的主要区别是制作工艺的复杂性与视觉效果的独特性。单面绣图案只在织物的一面呈现，另一面则是明显的背针线迹，其更适合展示一面的装饰物。双面绣要求正反两面的图案精确一致，针脚、图案、色彩都不能有丝毫偏差，因此其制作难度较大。双面绣在技艺层面上具有较高的要求，在艺术表现上也较为丰富。由于双面绣的正反两面图案完全一致，都能用于展示，增加了织物的实用性、美观性。这种对称性与完美性不仅是工艺的体现，也是黎族人民对生活平衡与和谐美学的追求。双面绣的复杂性、精致感使它在黎族社会中享有很高的地位，常被用于最重要的场合与展示最珍贵的物品。

4.双面绣在黎族文化中的独特性

双面绣在黎族文化中的独特性不仅体现在复杂的技艺上，还体现在它所承载的文化意义、象征价值中。润方言区双面绣不仅是一种手工艺，也是一种文化符号，代表着黎族人民对自然、生命、社会的理解与信仰。在黎族婚礼、祭祀等重要仪式中，双面绣被视为珍贵的礼物与装饰品，象征着祝福、富贵、繁荣，承载着家庭的荣誉与社会的地位，成为黎族文化中重要的组成部分。润方言区双面绣不仅是传统的刺绣技艺，也是黎族文化的重要组成部分。通过双面绣，黎族人民表达着对自然、祖先的敬仰，展示着他们对生活美学的高度理解与追求。这种刺绣不仅是装饰，还具有深刻的文化内涵，反映着黎族人民的信仰、价值观、社会结构。因此，双面绣在黎族文化中占有独特的地位，是民族文化传承的重要载体。

（二）润方言区双面绣的技艺特点

1.双面绣的针法与技巧

润方言区双面绣在技艺上的复杂性首先体现在针法、技巧的多样化。与单面绣相比，双面绣不仅要在正面保持针脚的整齐美观，还要确保反面没有任何线头外露，对绣工的技术要求极高。润方言区双面绣常用针法包括平针绣、回针绣、锁绣、盘金绣等。这些针法不仅能确保图案的精确性，还能通过巧妙的线条排列，创造出层次感、立体感。双面绣制作过程中需要高度专注，绣工在每一次针脚操作中需考虑正反两面的效果，任何一个不准确的针脚都会破坏整个作品的对称性、美观度（图2-1）。润方言区绣工通过多年的

图2-1　传承人符丽容展演白沙黎族双面绣技艺

经验积累，掌握了如何在复杂的图案中运用多种针法，以确保正反两面都能达到完美的视觉效果。这种高超技巧不仅反映着绣工的工艺水平，也展示着黎族人民在纺织艺术中的独特智慧。

2.正反面纹样的一致性

润方言区双面绣最明显的特点是正反两面纹样的一致性。一致性要求绣工在制作过程中，严格控制针脚的方向、长度，确保每一针都在正反两面形成完全相同的图案。双面绣图案的复杂几何结构、动植物纹样，要求绣工具备极高的空间感知能力与手眼协调能力，以保持两面的一致性。纹样的一致性不仅在技艺上展现了绣工的精湛技法，还在艺术上增强了作品的完整性与对称美感。双面绣图案丰富多样，主要包括人形纹、大力神纹、游龙、飞马、飞龙、对马、游鱼、花卉等背景，再以植物纹或小动物纹作为陪衬。表现手法是将其他纹样装饰在方形几何格内，辅以具有独立主题的图案，如对称图案、人纹、大力神纹和龙纹等（图2-2）。

图2-2　双面绣对称纹样

在双面绣中，人形纹的运用与织锦中的人纹具有相同的含义。不同于织锦中多样的连续表现手法，双面绣的人纹通常由多个独立的图案组合成一个整体，也可以与其他图案组合，或以两个或四个对称的形式呈现。例如，盛装的母氏人纹图案由五种不同方向的人纹图案精巧组合而成，形成一个完整且壮观的主体人纹图案。其象征着黎族五种方言的人都是同一祖先，同一血统（图2-3）。

图2-3　双面绣人形纹图案

3.色彩运用的特殊要求

润方言区双面绣在色彩运用上有着严格的要求。由于双面绣需在正反两面保持一致的效果，绣工在选择、运用色彩时须考虑到色彩的均匀性、对称性。黎族双面绣常用的色彩包括红、黑、黄、白、蓝等，每一种颜色都具有特定的文化象征意义：红色象征着生命力、喜庆，黑色则代表着庄重、神秘。

绣工在制作双面绣时，会通过色彩的搭配来增强作品的层次感与视觉冲击力。色彩的过渡与融合需通过精准的针法、线材控制来实现，在图案复杂的作品中，色彩过渡十分重要。润方言区双面绣以丰富的色彩层次与强烈的视觉对比，展示着黎族人民对色彩美学的深刻理解与运用。

4.工艺难度与艺术价值

双面绣工艺难度远高于普通的单面绣。首先，它需要绣工具备极高的手工技巧和耐心，因为每一个细小的失误都会造成图案的破坏。其次，双面绣制作时间长，一件复杂的作品需要数月甚至更长时间才能完成。这不仅要求绣工具备精湛的技艺，还需要具备高度的专注力与持之以恒的精神。双面绣的艺术价值不仅体现在技艺难度上，还体现在作品的文化内涵与视觉美感中。通过双面绣，黎族人民将生活观念、宗教信仰、自然崇拜融入刺绣作品中，使其成为独特的文化符号。润方言区双面绣以精湛的技艺与深厚的文化底蕴，已经成为黎族艺术与社会文化的重要代表，展示着黎族人民在纺织艺术中的卓越创造力。

（三）双面绣的绗染技艺

1.绗染与双面绣的结合

绗染技艺在黎族刺绣艺术中具有独特的地位，润方言区双面绣与绗染技艺的结合，使刺绣作品的色彩表现更加丰富、细腻。绗染作为一种传统染色工艺，主要利用植物染料，以蜡染等手法，在纤维上进行分段染色，以此形成具有渐变效果的纹样。双面绣与绗染结合后，通过对染料、绣线的巧妙运用，使刺绣作品在色彩层次上更加丰富。通过绗染技艺，双面绣不仅在正反两面呈现一致的图案，还能展现出色彩的层次变化。润方言区双面绣借助绗染技艺，增强了作品的艺术表现力，使图案在色彩上呈现出独特的渐变效果。这种技法的结合，不仅能提升刺绣作品的美学价值，还丰富着黎族刺绣的技艺体系。

2.绊染技艺在双面绣中的应用

绊染技艺在润方言区双面绣中的应用，主要体现在色彩的渲染与图案的细节处理上。通过绊染技艺，绣工可以在刺绣作品中实现复杂的色彩过渡与有层次的纹样表现。黎族绣工利用天然植物染料，经过反复的染色和晾晒，使刺绣作品呈现出自然的色彩变化。这种色彩变化在双面绣中得到了充分的展示，增强了作品的艺术表现力。绊染技艺的应用使得双面绣的图案更具层次感，在复杂的动植物纹样和几何图案中，色彩的过渡与融合更加自然、细腻。润方言区双面绣通过绊染技艺的巧妙应用，使作品在视觉上更加生动，色彩的表现力也更加丰富。

3.色彩过渡与纹样表现

润方言区双面绣在色彩过渡与纹样表现方面，得益于绊染技艺的加持，能在图案中实现自然的色彩渐变和过渡。这种渐变效果使刺绣作品在视觉上更加富有层次感，在表现自然元素如山川、日月、花卉等图案时，增强了作品的艺术表现力。色彩过渡与纹样表现密切相关。润方言区双面绣通过对色彩的精准控制，使图案在细节上更加生动、逼真。绣工通过绊染技艺，使刺绣作品的图案不仅在结构上复杂多样，在色彩上也具备丰富的层次感与艺术张力。这种技法的运用，不仅可提高作品的审美价值，也展示着黎族人民对自然美的深刻理解与表达能力。

4.绊染双面绣的独特魅力

绊染双面绣的独特魅力主要表现在色彩表现和技艺的完美结合。通过绊染技艺的运用，双面绣不仅在正反两面实现了图案的统一，还通过渐变的色彩表现，使刺绣作品在视觉上更加动人。润方言区双面绣通过与绊染技艺的结合，丰富着作品的色彩层次，使每一件刺绣作品都充满了自然的韵律和艺术的魅力。绊染双面绣不仅是刺绣技艺的高峰，也体现着黎族人民对美的追求和对生活的热爱。

（四）双面绣的传承与创新

1.技艺传承的现状

润方言区双面绣作为黎族刺绣艺术的瑰宝，在现代社会的传承中面临着诸多挑战。由于双面绣工艺复杂、制作周期长，年轻一代对其学习兴趣逐渐减弱，技艺传承出现断层现象。黎族传统家庭、手工艺工作坊仍在努力维持技艺的传承，主要是通过口传心授的方式，将双面绣技艺传递给新一代的绣工。

现阶段，政府部门、非物质文化遗产保护机构也在积极推动双面绣的传承，主要通过举办培训班、展览、比赛等活动激发年轻人对双面绣的兴趣。这种多方努力正在帮助润方言区双面绣技艺逐步复苏，为其未来发展奠定基础。

2.双面绣在现代设计中的应用

随着现代时尚与设计理念的兴起，润方言区双面绣逐渐从传统服饰、日用品中走向现代设计领域。设计师将双面绣的传统技艺与现代时尚相结合，创造出具有黎族文化特色的现代服饰、家居装饰品、艺术作品。这种融合不仅保留了双面绣的精髓，也使其在现代市场中焕发了新生命力。双面绣在现代设计中的应用，不仅可增强刺绣作品的艺术价值，也为黎族文化的传播和推广提供了新渠道。通过与现代设计的结合，双面绣逐渐走向国际舞台，已成为展示黎族文化的重要符号。

3.教育培训与人才培养

为确保润方言区双面绣技艺的持续传承，教育培训工作非常重要。近年来，政府部门、文化机构通过设立刺绣培训班、技艺传习所等方式，培养了大量的双面绣技艺传承人。这些培训课程不仅教授基础的刺绣技法，还鼓励学员在传承传统技艺的同时进行创新发展。双面绣技艺培训主要面向黎族的年轻人、手工艺爱好者，培训内容涵盖针法、色彩搭配、图案设计等各个方面。通过系统的培训，可重新激发年轻人对双面绣的兴趣，让新一代年轻人积极参与技艺的传承。

4.双面绣的市场化发展

随着文化创意产业的兴起，润方言区双面绣逐渐走向市场化发展。传统刺绣作品逐渐演变为文化创意产品，涵盖服饰、配饰、家居装饰和艺术品等多个领域。通过现代设计和市场推广，双面绣的艺术价值和文化内涵被赋予了新的商业价值。

市场化发展不仅可为双面绣技艺的传承提供经济支持，也增强了双面绣技艺在现代社会中的适应性。通过市场化的运作，双面绣逐渐成为黎族文化的重要象征，不仅在国内市场广受欢迎，也在国际市场上崭露头角。这种商业化、市场化的进程，为双面绣未来发展提供了广阔的空间。

三、刺绣工具与材料

（一）刺绣针具的选择

1.不同类型刺绣针具的功能

刺绣针具有多种类型，各种针具设计独特，功能各异，从而满足不同刺绣工艺的需求。常见刺绣针具包括长针、短针、圆头针、尖头针、弯针。长针通常用于大面积刺绣，适合平针绣或锁边绣等大幅度的针脚操作，可帮助绣工保持针脚的均匀性与流畅性。长针可以在较长的线条刺绣中发挥稳定作用，避免线材打结或断裂。短针适合精细的刺绣图案，在处理复杂的针法时，如回针绣或链式绣，更易于控制每一针的细节，以确保细密图案的精确性。圆头针用于较为柔软的面料，如棉布或丝绸，其圆润的针尖能避免刺穿或损坏布料，在丝绸刺绣中可以减少对布料纤维的损伤。尖头针常用于较硬或厚重的面料，如麻布、帆布，针尖锋利的设计能轻松刺穿厚实的纤维，适合在较厚布料上进行图案设计。弯针用于立体刺绣，它的弯曲形状可帮助绣工轻松地在角度较大或需要立体效果的刺绣区域操作，在表现立体感较强的图案时能确保图案的准确性、细腻度。不同类型的刺绣针具根据其功能特点，适应不同的刺绣风格、材料，以帮助绣工实现多样化的刺绣效果。

2.针具的制作材料与工艺

刺绣针具的制作材料、工艺直接影响其使用体验、耐用性。常见刺绣针具材料包括不锈钢、碳钢、镀金材料。不锈钢因其良好的抗锈蚀性和强度，成为刺绣工艺中应用最为广泛的针具材料。它的耐腐蚀性使得针具能在潮湿环境下依然保持光滑、锋利，适合长期使用。碳钢针则因其高硬度、耐磨性，常被用于较厚重的布料刺绣。其高硬度可确保针具在反复穿刺厚重布料时不易弯曲或断裂，适合麻布或帆布刺绣等需要高强度针具的工艺。镀金针可用在高级刺绣中，如丝绸刺绣。镀金针的光滑表面可减少刺绣过程中线材与针孔的摩擦，增加线材的顺滑度，防止线材在刺绣过程中出现断裂或磨损现象。针具制造工艺主要包括高精度的机械加工、抛光处理，这些工艺确保了针具的针孔光滑均匀，从而减小了线材穿针时的摩擦力。针尖的锋利度也需通过精密的打磨工艺来实现，确保每一根针具在刺绣过程中都能保持足够的穿透力。刺绣针具的制作材料与工艺不仅影响其使用寿命，还直接决定着绣工在操作时的流畅度与成品的精细度。

3.针具的保养与维护

刺绣针具的保养与维护对其使用寿命、刺绣效果有着重要影响。首先，针具需保持干燥，避免在潮湿环境下长时间存放，否则会造成针具生锈，影响针尖的光滑度与刺绣流畅性。定期对针具进行清洁也是必要的，在长时间使用后，针具上会残留纤维屑或染料颗粒，这些残留物会影响针具在布料上的穿透力。清洁针具时，可以使用柔软的布轻轻擦拭，去除针具表面的污垢。对于不常用的针具，绣工可以在其表面涂抹少量防锈油，从而保持针具的光滑。可将针具存放在干燥的针盒中，这也是防止针具受潮或受到外力损伤的重要措施。在刺绣过程中，如果发现针具变钝或出现弯曲的情况，应及时更换。因为针尖的锋利度与针体的笔直性直接影响着刺绣的针脚均匀性和图案的精细度。如果针具变钝，会造成线材磨损，或者无法准确地刺入布料，影响作品的最终效果。通过定期保养与合理维护，可以延长刺绣针具的使用寿命，确保每一次刺绣都能顺利完成。

4.针具的选择对刺绣效果的影响

针具的选择对刺绣效果有着直接的影响。合适的针具能确保在绣工操作过程中，线材能顺利穿过布料，保持针脚均匀，图案精美。选择不合适的针具，则会影响刺绣的精细度，甚至损坏布料或线材。例如，在丝绸等轻薄布料上使用过粗的针具，会在布料上留下明显的针孔，影响布料的完整性与刺绣图案的美观性；使用过细的针具刺绣较厚的布料时，针具无法顺利穿透布料，不仅增加了刺绣难度，还可能造成针具弯曲或断裂。针具锋利度也决定着刺绣的细腻程度。锋利的针具能确保每一针都精确刺入布料，避免因穿刺不顺而拉扯布料纤维，从而保持刺绣图案的完整性、细腻度。因此，根据不同布料的厚薄、刺绣图案的复杂度、线材的粗细，选择合适的针具，是确保刺绣作品高质量完成的关键。

（二）刺绣用线的制作与选择

1.天然纤维线材的种类

刺绣用线多以天然纤维为基础，常见天然纤维线材种类包括棉线、丝线、麻线、羊毛线。棉线是最为常见的刺绣用线，因其柔软、易于染色且耐用，适于多种类型的刺绣，以及平针绣、大面积的图案填充中。棉线的柔韧性、可塑性使其在线条表现、色彩保持上都具有优势。丝线因其天然的光泽感、顺滑的质地，常被用于高档刺绣作品，如丝绸刺绣、装饰性较强的工艺品刺绣。丝线能反射光线，增加刺绣图案的层次感、精细度。麻线质地较为粗糙，耐磨性较强，常被用于厚重面料的刺绣，如麻布、帆布。麻线的强度使其适合较为粗犷、立体感较强的刺绣设计。羊毛线则因其柔软的质感、膨松度，常被用于立体感、厚重感较强的刺绣，如毛毡刺绣或浮雕绣等，适合表现刺绣作品中的立体层次。不同种类的天然纤维线材拥有不同的质感、光泽度、适用性，绣工可根据刺绣作品的需求，选择最合适的线材种类，以实现最佳的艺术表现效果。

2.线材的染色与处理

线材的染色工艺直接影响刺绣作品的色彩表现力、持久性。天然纤维线材的染色多采用植物染料、化学染料两种方式。植物染料源于自然，色调柔和，适合古典风格、传统工艺刺绣作品。常见植物染料包括靛蓝、红花等，这些染料能为刺绣线材提供天然的色彩，但因其染色深度较浅，适用于色彩较为温和的作品。化学染料则可提供鲜艳、丰富的色彩选择。随着工业化染色工艺的不断进步，化学染料能赋予线材更高的色彩饱和度且具有持久性，适用于现代刺绣作品。在线材染色后，还需进行固色处理，以确保染色牢度，避免在使用过程中褪色或染料脱落。为增强线材的质感、光泽度，部分线材还会经过丝光处理，使其表面更加光滑，以利于刺绣过程中线材的顺畅拉动，为作品增添光泽效果。通过精细染色与处理工艺，刺绣线材不仅能展现出丰富的色彩层次，还能提高耐用性、视觉效果，增强刺绣作品的艺术表现力。

3.线材粗细与质感的选择

刺绣线材的粗细、质感对刺绣作品的整体效果具有直接影响。粗线主要用于大面积的图案填充与立体感较强的刺绣工艺，如浮雕绣、大面积的平针绣。粗线能为作品提供明显的纹理感与立体效果，适合厚重布料上的装饰性刺绣。细线更适合表现细腻的图案设计，如精致的花卉刺绣或复杂的图案轮廓。细线在线条表现上更加精准，适合轻薄布料上的细致刺绣，如丝线刺绣或传统细密绣。在选择线材时，绣工不仅要考虑线材的粗细，还需注重线材的质感。丝线质感光滑，适合表现色彩的渐变与精致的光泽效果，麻线则因其粗糙的质感，适合表现粗犷的图案与较为立体的设计。通过合理选择线材的粗细和质感，绣工能增强刺绣作品的层次感，提升刺绣整体的美感。

4.线材对刺绣品质的影响

线材的质量、选择直接关系到刺绣作品的最终品质。优质线材不仅能提供丰富的色彩层次与光泽度，还能保证刺绣过程中线材的顺滑、耐用性。高质量的线材具有质地柔软且富有弹性的特点，在线材拉动过程中能保持线条的流畅，不易打结或断裂。劣质线材会在线材操作过程中频繁断裂或因摩擦出现毛糙现象，影响刺绣的整体效果。劣质线材还会出现褪色、染料脱落等问题，从而影响刺绣作品的长久保存与色彩持久度。线材的耐用性、持久性是确保作品质量的重要因素，在复杂刺绣工艺中，线材的顺滑度、稳定性直接决定着刺绣图案的细腻度。因此，选择合适且高质量的线材是保证刺绣作品高品质的前提。在进行大面积或复杂图案设计时，优质线材的使用能提升刺绣的整体效果。

（三）刺绣布料的特性

1.常用刺绣布料的种类

刺绣所使用的布料种类繁多，不同的布料质地、特性决定了刺绣效果的差异。最常见的刺绣布料包括棉布、丝绸、麻布、帆布。棉布由于柔软、吸湿性强且价格适中，被广泛应用于各种刺绣类型，适合平针绣与较为简单的图案设计。棉布的质地使其能很好地吸收绣线的颜色，并为刺绣提供均匀支撑，适合初学者、大面积装饰作品。丝绸则是高级刺绣中常用的布料，其光滑且高光泽的表面适合丝线刺绣，能凸显作品的精致感。丝绸质地轻薄，能增加刺绣图案的柔和感、立体感，但对刺绣针法、操作技巧有较高要求。麻布质地较为粗糙且坚韧，适合厚重面料上的刺绣，常被用于较为传统或民族风格的刺绣作品。麻布由于硬度较高，适合较为粗犷的刺绣针法，如大面积立体刺绣。帆布以其坚固耐磨的特点，适合制作具有耐用性、实用性的刺绣作品，如包袋、墙挂等装饰性或功能性物品。不同的布料质地、特性适应不同的刺绣风格、需求，选择合适的布料类型能提升刺绣作品的艺术表现力与实用性。

2.布料的织造方式与纹理

布料的织造方式与纹理对刺绣的效果具有直接影响。常见布料织造方式包括平纹织造、斜纹织造、缎纹织造。平纹织造是最基础的织造方式，布料表面平整且结构均匀，适合大部分刺绣工艺，在大面积刺绣中，平纹织造能保证针脚整齐和均匀。斜纹织造的布料具有一定的倾斜纹理，布料表面形成独特的纹理感，能为刺绣作品增添层次感和立体感，适合表现较为粗犷或富有质感的刺绣图案。缎纹织造的布料则因表面光滑且光泽感强，常被用于高档刺绣。缎纹织造的布料能更好地反射光线，使刺绣作品呈现出丰富的光影效果，适合细腻、精致的刺绣图案。布料的织造纹理也直接影响着针脚的排列与线材的表现效果。例如，较为粗糙的纹理会干扰精细的刺绣图案，过于光滑的织物需要精确的针法控制，以防线材打滑或错位。因此，布料的织造方式与纹理不仅影响着刺绣的视觉效果，还直接决定着刺绣过程中操作的难易程度与最终图案的完整性。

3.布料质地对刺绣的影响

布料的质地是决定刺绣质量和效果的重要因素。轻薄布料如丝绸或薄棉布，适合表现精致、细腻的刺绣图案，但操作难度较大，针脚控制要更加精准，否则容易造成布料变形或产生褶皱。轻薄布料常被用于制作柔和且色彩变化丰富的作品，如花卉刺绣、细线绣，能展现出较好的流动感与透光效果。厚重布料如麻布、帆布或毛毡等，因硬度较高且结构稳定，适合表现立体感较强的刺绣作品。厚重布料能承受较大的线材拉力，并且在刺绣过程中稳定性高，不易变形或拉伸，适合表现粗犷风格的设计。布料的质感也影响着针法的选择与表现效果。质地较为光滑的布料通常要求更细腻的针法与轻柔的手法，质地较为粗糙的布料则适合大面积的针脚和较为立体的刺绣设计。通过合理选择布料的质地，绣工能确保刺绣图案在布料上实现最佳的表现效果，增强作品的艺术价值与实用性。

4.布料的准备与绷架的使用

在进行刺绣前，布料的准备是确保刺绣效果的重要步骤。布料在刺绣之前通常需要经过预处理，包括清洗、熨烫、平整处理，以去除布料中的皱纹、灰尘、杂质，确保针脚在线材与布料的接触过程中保持顺滑，不受干扰。在使用较轻薄的布料时，预处理显得十分重要，可避免刺绣过程中布料变形造成针脚不均。除布料的预处理外，绷架的使用也是刺绣过程中的重要环节。绷架的作用是固定布料并保持其张力、平整度，避免刺绣过程中布料出现皱褶或松动而影响针脚的均匀性与图案完整性。绷架的尺寸、类型应根据布料的大小和质地进行选择，过大的绷架会造成布料的张力不均，过小的绷架则可能无法覆盖整个刺绣区域。通过合理使用绷架，绣工能够确保针脚在布料上均匀分布，增强刺绣图案的精确性，达到最佳的刺绣效果。

（四）天然染料在刺绣中的应用

1.常用天然染料的来源

天然染料在刺绣工艺中有着悠久的历史，主要源于植物、矿物、动物。这些天然染料因纯净的色彩与环保特性，被用于传统刺绣工艺。最常见的植物染料包括靛蓝、红花、苏木、黄檀、栀子花等。这些植物可通过提取、煮沸、浸泡等方式获得染料。例如，靛蓝植物可提供深蓝色，红花用于染制红色、粉色，苏木用于染制棕色或红棕色。矿物染料源于天然矿物质，如铁矿石、硫酸铜、铬矿石等。矿物染料的颜色较为浓烈且富有质感，常被用于较为深沉的色调设计，如铁矿石可提炼出黑色、棕色。动物染料最常见的是由胭脂虫提取的胭脂红色，这种染料主要被用于高端刺绣作品，色彩明艳且耐久。天然染料的多样性不仅丰富了刺绣作品的色彩表现力，还赋予了作品独特的自然美感。通过合理使用天然染料，刺绣作品能呈现出与现代化学染料不同的柔和质感与自然光泽。

2.染色工艺与色彩控制

天然染料的染色工艺相较于化学染料更为复杂，绣工需具备丰富的经验、精准的操作技巧。在染色过程中，常用方法包括煮染、浸染、扎染等。煮染法通过将纤维或线材在染料液中加热浸泡，促进染料与纤维结合，获得稳定的色彩。煮染法适合颜色较深的染料，如靛蓝、红花。浸染法则是将纤维或线材长时间浸泡在天然染料液中，经过反复浸泡、晾干，逐渐累积色彩深度，适合柔和色调的刺绣作品。扎染法通过控制染液在纤维中的渗透范围，形成渐变或斑驳的效果，是一种创造性的染色手法。在色彩控制方面，天然染料的染色时间、温度、染料浓度都需严格控制。例如，过高的染色温度会破坏染料的色彩稳定性，造成线材变色或褪色；过长的染色时间会使颜色过深，失去自然美感。通过对染色时间、温度、染液浓度的精确调控，绣工能获得均匀、稳定且富有层次感的作品。天然染料的可调性、多样性，为刺绣作品带来独特的色彩表现效果。

3.染料的环保性与安全性

随着人们环保意识的增强，天然染料因其环保、安全特性，受到了越来越多刺绣工艺师的青睐。与化学染料相比，天然染料源自自然界的植物、矿物、动物，不含有毒的化学成分，对环境影响相对较小。天然染料在生产、使用过程中不会产生有害气体或污染物，也不会对使用者的健康构成威胁，特别适合制作贴身衣物或婴幼儿使用的产品。植物染料废水处理较为简单，大部分可以通过自然降解的方式回归生态系统，从而减少了对水体、土壤的污染。天然染料在刺绣作品中的应用也具有较高的安全性。由于天然染料对人体皮肤无刺激性，其被广泛应用于高档服饰、家居用品、文化创意产品中，深受消费者的信赖。天然染料的使用符合可持续发展的理念，既能减小环境的负担，也能为刺绣艺术注入更多自然与人文的内涵。通过使用天然染料，刺绣作品不仅表现出独特的艺术风格，还传达出环保、健康的生活理念。

4.天然染料对刺绣作品的影响

天然染料为刺绣作品带来了独特的色彩表现效果，不同于化学染料的鲜艳与浓烈，天然染料色彩更为柔和、自然，呈现出丰富的层次感。这种柔和的色彩使刺绣作品在视觉上更具亲和力，可用于表现自然题材、传统文化、复古风格的作品。由于天然染料具有天然的色彩变化，不同批次呈现出细微的色差，也使每件刺绣作品具有独特的个性与不可复制性。天然染料的耐久性、色牢度也相对较高，经过合理处理和保养后，刺绣作品能长期保持其色彩的稳定性。对追求传统工艺的刺绣师而言，天然染料不仅是一种技术选择，也是一种文化的传承，为作品增添了浓厚的历史感与文化内涵，使作品在艺术表现力、情感传递上更加饱满。天然染料的独特魅力在于它能使刺绣作品在保留传统技艺的基础上，焕发出新生命力，逐渐成为现代艺术和传统文化融合的体现。通过使用天然染料，刺绣作品能更好地传递自然之美与文化意蕴，从而提升作品的艺术价值。

四、刺绣技艺的保护与发展

（一）刺绣技艺的传承现状

1.刺绣艺人的现状

当前刺绣技艺传承主要依赖刺绣艺人的贡献，他们不仅是传统工艺的继承者，还是技艺创新者。艺人们通过代代相传，不仅保持了刺绣技艺的传统风貌，还赋予了刺绣作品浓厚的地域文化特色。随着现代化进程的推进，刺绣艺人的数量逐渐减少，年轻人群体对传统刺绣技艺的学习兴趣明显下降，技艺传承面临断代的风险。刺绣艺人多集中在农村地区或手工艺集中的小工坊中，他们通过传统的手工艺，维持着刺绣技艺的生命力。受限于地理环境、经济发展水平，这些地区的刺绣技艺发展面临诸多挑战，加上艺人收入不稳定，生活水平相对较低，使得传统技艺的传承受到限制，难以吸引更多年轻人投身于刺绣艺术的学习与创新。

2.传承方式的变化

刺绣技艺的传承方式随着时代发展也发生了明显的变化。传统上，刺绣技艺主要通过家庭与师徒制的方式传承。在刺绣世家中，技艺代代相传，家族成员从小便开始学习刺绣，掌握基本技法、创作思路，这种传承方式注重刺绣技艺的细节掌握、手工技艺的长期积累。师徒传承也是刺绣技艺传承的重要方式，刺绣师傅通过口传心授，将技艺传授给徒弟；徒弟在长时间的学习实践中，逐步掌握刺绣的精髓。然而，随着社会结构转变及现代教育普及，刺绣技艺传承方式逐渐从私密的家庭、师徒关系转变为现代化的教育体系。部分刺绣技艺开始进入职业学校或高等艺术院校，形成了系统化的教学模式，学生通过理论与实践相结合的方式，学习刺绣基本技法、设计理念、文化内涵。现代化的传承方式虽然扩展了刺绣技艺的传播渠道，但也在一定程度上削弱了传统技艺的精细性，技艺传授不再依赖长期的经验积累，而更多依赖短期培训、课程教学。

3.传承人面临的挑战

刺绣技艺传承人目前面临诸多挑战，这些挑战不仅来自外部环境变化，也源于技艺自身发展的瓶颈。首先，经济收益不稳定是阻碍技艺传承的主要问题。部分刺绣传承人生活在经济相对落后的地区，手工刺绣作品市场需求不稳定，造成他们的收入无法得到保障，生活压力使得年轻人不愿学习刺绣技艺，技艺传承后继乏人。其次，市场对快速生产的需求与传统刺绣技艺的慢工细活存在矛盾。在快节奏的市场环境下，消费者倾向于选择机械化生产的刺绣产品，忽视了手工刺绣的艺术价值、文化底蕴，而且传统刺绣时间、精力投入较大，难以在短时间内迎合市场需求。最后，创新与传统的平衡也是传承人面临的主要难题。刺绣技艺在传承过程中需不断创新，而在创新过程中保留传统技艺的核心特质，避免技艺过度商业化，成为传承人必须面对的问题。过度迎合市场会造成刺绣作品失去文化内涵，偏离传统技艺的本质。因此，刺绣传承人不仅要掌握精湛的手工技艺，还需要应对市场、创新、文化传承的多重挑战。

4.刺绣技艺的保护政策

为保护、传承刺绣技艺，各级政府、文化部门出台了一系列政策措施，旨在通过法律保障、经济支持、文化宣传促进刺绣技艺的可持续发展。首先，对非物质文化遗产的法律保护是刺绣技艺传承的重要保障。多种刺绣技艺被列入国家级非物质文化遗产名录，使其在法律层面得到了保护。政府通过法律手段规范刺绣技艺的传承方式，确保刺绣技艺不会因市场经济冲击而衰落。其次，政府通过经济补贴、资金支持，帮助刺绣传承人开展技艺培训、参加展览、开设工作室。对经济困难的传承人，政府提供专项资金支持，帮助刺绣传承人维持生活，继续从事技艺传承工作。各地政府还设立了文化宣传平台，通过举办刺绣展览、非遗展示、文化交流活动，提升刺绣技艺的社会知名度，吸引更多年轻人关注、学习刺绣技艺。最后，教育体系的引入也是保护刺绣技艺的重要措施。普通院校、职业院校通过开设刺绣相关的专业，培养了一批具备理论知识和实践能力的新生代刺绣人才。这些政策措施的实施，为刺绣技艺的传承发展提供了良好的外部环境，从而提升了刺绣文化的社会影响力。

（二）刺绣技艺的现代应用

1.刺绣在时尚设计中的应用

随着传统文化复兴与全球时尚界对东方文化的关注，刺绣技艺在时尚设计中的应用得到了广泛认可。刺绣元素不仅被用于传统服饰设计，还逐渐融入现代时装设计，成为设计师表达创意的重要工具。部分时装品牌会采用刺绣工艺，将其运用到高端时装、时尚配饰的设计中。例如，手工刺绣图案常见于晚礼服、婚纱、奢华外套上，通过细腻的针法与独特的色彩搭配，使服饰更加高贵典雅，展现出手工艺的独特魅力。刺绣不再局限于传统图案，设计师还将现代元素，如几何图案、抽象艺术等融入刺绣设计，使其在时尚舞台上焕发新生命力。刺绣工艺也被广泛应用于各种时尚配饰，如手袋、鞋履、围巾等。通过刺绣工艺的装饰，每件作品都被赋予独特的艺术价值与个性魅力。刺绣技艺的时尚化应用不仅可满足现代消费者对个性化、高品质的追求，还展示着传统手工艺在当代时尚中的无穷潜力。

2.刺绣艺术品的创作

刺绣不仅在服饰、时尚领域中被应用广泛，也逐渐成为一种独立的艺术形式，刺绣艺术品创作开始受到越来越多艺术家的青睐。不同于传统刺绣服饰，刺绣艺术品更多地强调刺绣作为艺术表达的媒介，通过色彩、线条、图案的巧妙搭配，创作出具有深刻思想与美学价值的作品。这类艺术品题材广泛，主要包括自然景观、人物肖像，也涵盖抽象艺术与当代社会主题。刺绣艺术家通过不同针法组合、线材选择、布料质感，创造出丰富的艺术效果，赋予刺绣作品强烈的视觉冲击力和情感表达。例如，刺绣作品通过对不同线材的运用，表现出强烈的光影对比、质感变化，从而增强了刺绣作品的立体感、艺术感染力。刺绣艺术品还出现在画廊、艺术展览中，逐渐从传统实用工艺转变为视觉艺术，拓展了刺绣技艺的表现形式、创作空间。通过与其他艺术形式的融合，如绘画、雕塑等，刺绣艺术品展现了独特的文化内涵、艺术风采，成为当代艺术中的重要表现手法。

3.刺绣技艺在文创产品中的拓展

随着文化创意产业发展，刺绣技艺在文创产品中的应用不断拓展，赋予传统技艺新市场价值。文创产品是传统文化与现代设计的结合，刺绣作为重要元素，被应用于各类日常生活用品中，如手机壳、笔记本、家居用品等。通过刺绣图案的装饰，这些产品不仅实用性强，还充满了艺术感、文化韵味。刺绣技艺的灵活性使其成为文创产品中重要的组成部分，设计师通过对传统刺绣图案的重新设计、创新应用，使其适应现代消费者审美需求。例如，将传统动植物纹样或几何图案以简化、抽象的方式表现出来，使产品更加现代时尚，以吸引更多年轻消费者。刺绣技艺还被应用于定制化的高端文创产品中，体现了产品的独特性、文化内涵。通过将刺绣技艺融入文创产品设计，既能提升产品的艺术价值，又可实现传统技艺的传承与创新。这种结合不仅可增强刺绣技艺的商业化应用，也为其在新时代的传播与发展开辟了新渠道。

4.刺绣与现代生活的融合

刺绣技艺不仅在时尚、艺术、文创领域得到广泛应用，还与现代生活紧密结合，成为人们日常生活中重要的艺术表现形式。部分家居装饰品如靠垫、床品、窗帘和墙饰等，广泛使用刺绣工艺，使得日常生活空间更具文化气息和艺术魅力。刺绣图案的细腻与丰富色彩的搭配，使得家居环境充满了温馨与艺术感，为现代生活注入了传统文化的气息。例如，精美的刺绣枕套、桌布通过手工针法，表现出不可替代的视觉美感和使用价值。此外，刺绣工艺也逐渐渗透到定制化产品中，如婚礼礼品、个人纪念品等，通过刺绣的个性化设计，增强了礼物的专属感和纪念意义。刺绣技艺的这一现代化应用不仅提升了产品的情感价值，还将传统手工艺与现代生活巧妙融合，满足了人们对个性化和文化认同的追求。在快节奏的现代社会中，刺绣技艺为人们提供了一种回归手工艺术、享受慢生活的方式，既保留了传统技艺的精髓，又让其在现代生活中焕发出新的活力与生机。

（三）刺绣技艺的教育与培训

1.刺绣技艺的教学模式

刺绣技艺的教学模式随着时代发展逐渐从传统的师徒传承转向现代化的

系统教学。传统上，刺绣技艺学习依赖师傅与徒弟之间的长期合作，师傅通过口传心授，手把手指导徒弟，强调技艺积累与手感培养。这种模式注重经验传承，强调技法熟练精湛。随着社会变化，刺绣技艺传授逐渐进入正规化的教育体系，现代化教学模式不仅保留了传统手工技艺传承，还加入理论知识的讲解与设计理念的引导。目前，部分职业学校、艺术类本科院校、培训机构专门开设了刺绣课程，学生不仅可系统学习传统刺绣针法、图案设计，还能学习色彩搭配、面料选择等现代设计知识，从而更好地理解刺绣的文化背景、艺术价值，进而在现代设计中灵活运用刺绣技艺。这种多层次、多学科结合的教学模式，不仅可提升学生的技能水平，还能为刺绣技艺的现代化发展提供理论支持。

2.教育机构的角色与责任

在刺绣技艺的教育与传承中，教育机构扮演着重要角色，其不仅是刺绣技艺传授的主要平台，还肩负着保护传统文化、推动技艺创新的责任。首先，教育机构通过开设与刺绣相关的课程、培训项目，为刺绣技艺传承提供系统的学习环境。学生在教育机构中接受专业训练，能系统学习刺绣基础针法、图案设计、材料运用，打下扎实的技艺基础。教育机构还致力于对刺绣技艺进行现代化的创新与发展，通过结合现代艺术设计、时尚潮流，推动传统技艺与现代社会融合。例如，艺术学院通过将刺绣与现代设计学科相结合，培养出具备传统技艺功底、现代设计能力的复合型人才。教育机构还负责刺绣技艺的文化传播，通过举办展览、研讨会、比赛等活动，提升刺绣在公众中的知名度、认可度。在文化传承方面，教育机构有责任将刺绣技艺纳入文化遗产保护框架中，确保其在市场经济的冲击下依然保持文化价值、艺术水准。

3.培训课程的设置与内容

培训课程的设置在刺绣技艺的传承教育中至关重要。科学合理的课程设置不仅能系统传授刺绣的基本技艺，还能培养学生对刺绣艺术的创新能力。刺绣技艺的培训课程分为基础阶段、高级阶段两个层次。在基础阶段，课程内容主要集中于刺绣的基本针法、线材选择、布料处理等技能的掌握。学生通过反复练习，熟悉平针、锁针、链针等基础针法的应用，学会在不同的布料上灵活运用线材。基础课程还涉及刺绣图案设计基础，包括色彩搭配、图形构成等内容，以帮助学生了解刺绣图案的结构美感。在高级阶段，课程注重技艺的创新与设计能力培养。学生将学习根据不同的设计主题进行刺绣创作，结合当代艺术、时尚设计等理念，拓展刺绣技艺表现形式。高级课程涵盖刺绣技艺的文化内涵与历史背景，帮助学生在创作过程中理解刺绣的传统价值与现代意义。通过系统化的课程设置，学生不仅能掌握技艺的操作技巧，还能培养出独立的创作思维，以及在不同领域中运用刺绣技艺的能力。

4.年轻一代对刺绣的兴趣培养

培养年轻一代对刺绣技艺的兴趣，是刺绣教育与培训中重要的组成部分。近年来，随着文化创意产业的兴起与非物质文化遗产保护的推进，传统刺绣技艺重新获得公众关注。但要让年轻人投身刺绣技艺的学习与传承，仍需采取多种措施。首先，刺绣技艺的现代化表达是吸引年轻人兴趣的关键。通过将刺绣元素融入现代时尚、数字艺术、文创产品，能拉近传统技艺与现代生活的距离，使其符合年轻人的审美与生活方式。部分教育机构、设计师通过将刺绣技艺与流行文化相结合，推出了一系列充满创意的刺绣产品，如潮流服饰、时尚配饰、文具、家居用品等，这些刺绣产品不仅保留着传统技艺的精髓，还融入了年轻人喜爱的时尚元素，可充分激发年轻一代对刺绣的兴趣。其次，数字化与社交媒体的推广成为刺绣技艺传播的新途径。通过网络课程、短视频平台、社交媒体的宣传，传统刺绣技艺得以在广泛的受众群体中传播，吸引了具有学习热情的年轻一代。最后，学校、培训机构也需提供灵活的学习途径，如开设短期课程、工作坊等，同时降低学习门槛，让更多年轻人可以接触到刺绣技艺，以此推动刺绣文化在青年群体中的传承与发展。

（四）刺绣文化的推广与交流

1.刺绣展览与文化节庆活动

刺绣展览和文化节庆活动在刺绣文化推广中起着重要作用。这些活动不仅是展示刺绣技艺与艺术作品的窗口，还为刺绣艺人、学者、观众提供了深入了解刺绣文化的机会。刺绣展览通过精心策划，展示不同地域、风格的刺绣作品，体现出刺绣技艺的精湛。例如，中国四大名绣——苏绣、湘绣、蜀绣、粤绣，在各类展览中得到了充分展示，使观众可以直观感受到不同风格刺绣的细腻技法、美学特点。通过展览，观众不仅能欣赏到传统的刺绣作品，还能了解其背后的文化传承与历史背景。展览还为刺绣艺人提供了交流学习的机会，可促进技艺的传承与创新。文化节庆活动通过将刺绣与地方特色文化相结合，推动刺绣技艺的推广普及。在节庆活动中，刺绣作为手工艺展示的重要内容，通过现场表演、工作坊等形式，让公众直接参与刺绣体验，以此增强社会大众对传统手工艺的理解。这些活动不仅在地方层面上推动着刺绣文化的推广，也为刺绣技艺的传承创新提供了广阔的舞台。

2.刺绣技艺的国际交流

随着中华文化的全球化发展，刺绣技艺国际交流日益频繁，成为推广中华文化与传统手工艺的重要渠道。国际刺绣展览是促进刺绣技艺走向世界的关键方式。通过国际刺绣展览、艺术交流活动、设计论坛，中国传统刺绣技艺与世界各地的手工艺文化产生积极的互动。此外，跨文化合作也是刺绣技艺国际化传播的重要手段。部分国际设计师与中国刺绣艺人合作，将刺绣元素融入现代服饰设计、家居产品，不仅可提高刺绣作品的国际市场影响力，还能推动刺绣技艺的创新发展。通过国际合作，刺绣技艺逐渐打破地域文化的界限，融入全球设计潮流，成为国际文化交流中不可忽视的部分。

3.媒体与互联网的推广作用

在刺绣文化推广中，媒体、互联网起到重要作用。传统媒体如电视、图书、杂志等，长期以来是刺绣技艺宣传推广的重要平台。通过专题报道、纪录片、访谈节目，媒体向公众介绍刺绣技艺的历史、文化背景，以及技艺传承人的故事。这些方式不仅可提高刺绣技艺在公众中的知名度，还可增强公众对非物质文化遗产保护的关注与支持。随着互联网的普及，数字化推广成为刺绣文化传播的新趋势。社交媒体、短视频平台为刺绣技艺的展示提供了广阔的空间，刺绣艺人、设计师可通过平台直接向全球观众展示自己的作品。例如，刺绣艺人在社交媒体上开设个人账户，通过发布制作过程视频、展示成品照片、在线教学等方式，吸引大量年轻用户关注，这不仅可增强刺绣技艺的传播力度，也为刺绣艺人提供了新商业机会。互联网还可促进刺绣技艺的数字化保护，通过线上展示、虚拟展览等形式，打破时间、空间的限制，让更多人了解、学习刺绣文化。媒体与互联网的结合使得刺绣文化的传播更加便捷、高效，为传统文化的现代传播注入新活力。

4.刺绣文化的社会影响

刺绣文化作为中华传统文化的重要组成部分，具有深远的社会影响。首先，刺绣技艺通过独特的艺术表达与文化内涵，可增强民族文化自信。通过刺绣作品，观众不仅能欣赏到精湛的手工技艺，还能感受到其中蕴含的历史记忆与地域文化。刺绣作品中的图案、颜色、材质都传递着丰富的文化信息，体现了中国传统美学与生活智慧。其次，刺绣技艺传承与发展为地方经济带来积极影响。地区通过发展刺绣产业，带动当地经济的发展。总的来说，刺绣文化的社会影响不仅体现在其艺术、经济价值上，还通过独特的文化表达，促进社会的文化认同与和谐发展。

第三节

海南黎族编织技艺

一、海南黎族藤编技艺

（一）黎族传统藤编技艺的起源与发展

海南黎族藤编技艺历史悠久，在多部古籍如唐代段公路《北户录》、北宋欧阳修编《新唐书》及清代《琼黎风俗图》中均有记载。海南气候条件适宜藤类植物生长，为黎族藤编技艺的发展提供了天然优势。黎族人民将藤条经过切削、晒干、修剪等处理后，编织成藤制品，如藤编衣篓、腰篓、箩筐等，深受当时朝廷与百姓的喜爱。2007年，海南陵水黎族藤编技艺被列入第二批海南省级非物质文化遗产名录。黎族藤编技艺主要分布在海南东南部地区，如陵水、保亭、乐东、昌江等地。随着社会技术的发展，手工藤编逐渐被工业化产品取代，年轻一代黎族人对藤编技艺的关注减少，使这项技艺面临传承困境。在新时代背景下，于传统藤编中融入现代元素，探索其转型发展路径，对保护传承黎族传统藤编技艺非物质文化遗产具有重要意义。

（二）传统黎族藤编特点

传统黎族藤编技艺依托海南丰富的藤类资源，长期以来被用于编织各种器具、家具。黎族人民将常见的红藤、白藤采集、处理后制成生活必需品，如腰篓、衣篓、箩筐等。这些藤制品不仅细腻光滑，而且结实耐用，展示着黎族人民的勤劳与智慧。传统上，藤编器具主要使用棕榈藤，该藤类具有优良的抗拉强度，是理想的编织材料。随着天然棕榈藤资源减少，其价格不断上涨，目前市场上出现了价格较低的人造藤材。这种人造藤材适合户外家具的制作，应用范围也较广。黎族藤编技法多样，不同编法创造出各式各样的纹样、实用产品，展现着黎族人民的生活智慧与藤编艺人的精湛技艺。藤编产品主要通过线条的交错、缠绕、盘旋，形成丰富的图案和纹样：人字形编织包括对称纹、连续纹、文字纹等多种形式；方格纹是藤编中最具代表性的纹样，编织方式多样，如交错纹、相间纹和菱形纹，简单易学、装饰性强，深受大众喜爱；胡椒纹是一种八角形编织方法，具有良好的观赏性、透气性，适合海南的气候，可用于椅子、床头板等家具装饰。

其他常见编法还包括十字编、六角编、螺旋编、圆面编、纹丝编等。十字编是基础的挑压技法，纹路呈十字交叉，简单易学；六角编采用三向交叉编织，适合多种形态的图案；螺旋编通过篾条多方向交织形成圆形口，体现出秩序美；圆面编用于圆形物品的底部、盖子；纹丝编在竹藤编中使用广泛，强调编丝与篾条之间的规则绞压。这些技法、纹样展示着黎族藤编工艺的多样性。

（三）黎族传统藤编工艺流程与编织技法设计

1. 工艺流程

黎族藤编工艺流程主要包括采集原料、处理原料、编织器物三个步骤，整个过程相对简单，但需要丰富的经验和技艺才能完成。

在采集原料时，黎族人民一般在冬季上山采集藤条，此时采集的藤条不易生虫。主要使用削藤双刃刀等工具，收集红藤、白藤等主要藤材，也会采集其他藤类如牛绊藤和鸡仔藤等。老藤条因质地坚韧，是编织的主要原材料。

在处理原料时，用削藤刀去除藤条表面的刺，刨光外皮，并将藤条剖开，去除内芯，获得韧性强的藤皮。黎族人民会使用自制的小铝片控制藤条的粗细，确保满足编织所需精度。最后，会将藤条、藤皮放在水中煮沸，以防止虫蛀，处理过的藤条晾晒至半干状态备用。

在编织器物时，编织过程中不会使用模具。对较大器物，先编织出框架，再从底部开始逐步编织身部。编织过程中，可使用撬刀、收口针等工具（早期黎族编织不使用工具，后期逐渐引入）帮助藤条穿过交织点。编织完成后，为增加器物的美观性和耐用性，通常会用鹅卵石打磨表面，并涂抹油脂，使其防水、光亮。

2.编织技法设计

藤编器物的编织过程通常经过起底、围边、收口等步骤。纵向藤条（竖芯）作为支撑结构，决定器物形状；横向藤条（编芯）与竖芯交织，形成器物的整体结构。

在起底设计时，黎族藤编器物起底方式主要有圆形起底、方形起底两种，其他起底方式都是基于这两种形式的变化。圆形起底是一种围绕圆心逐层编织的方式，常用于圆形器物的底部、盖子，有十字式、米字式、井字式、环式等类型（图2-4）。其中，环式是黎族藤编器物中最常见的编织方法，需要同时使用藤芯、藤皮。

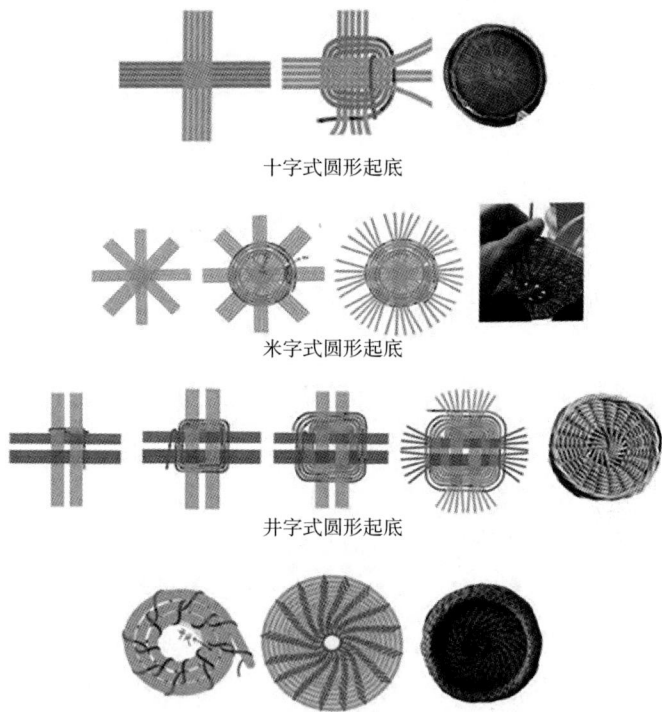

十字式圆形起底

米字式圆形起底

井字式圆形起底

图2-4 圆形起底编织技法示意（海南师范大学美术学院 王文静）

在围边设计时，起底完成后，围边过程开始，即编织器物侧身。首先，将四周竖芯向上折，折角的大小决定了器物的最终形状。在围边过程中，可以继续使用起底时的编织方法，或选择其他方法，遵循从下到上、从外到内的顺序。黎族编织会根据器物的设计，挑选藤条种类、颜色、粗细，运用精心编织的图案表达对生活的美好祝愿。围边技法能形成独特的肌理，结合不同颜色的藤条，丰富器物的装饰效果。

在收口设计时，目的是防止藤条松散，提升器物的美观度。收口一般使用器物身部剩余的藤条，也可加入额外的藤条作为支撑，以增加硬度。黎族藤编中常见的收口方法包括缠绕法、锁边法、卷编法，其中锁边法是一种简单、牢固的收口方式。除基本技法外，黎族藤编还存在许多变化的编织方式，虽然形式上有差异，但核心原理相通。

二、海南黎族竹编技艺

（一）海南黎族竹编技艺的起源与发展

海南黎族竹编技艺起源悠久，可追溯到黎族在海南岛定居之初。黎族人民长期生活在海南热带雨林中，竹资源丰富是竹编技艺发展的天然条件。在古代，竹编技艺为黎族先民生活的关键部分，黎族人民依靠山林中的竹子、藤条等自然资源，制作出生活必需工具、用具，如竹篓、竹篮、鱼篓、竹帽等。这些竹编制品不仅可满足黎族人民的日常需求，还成为黎族文化、生活方式的象征之一。随着时间的推移，黎族竹编技艺不断演变、丰富，逐渐发展出多样化的形式与风格。虽然现代工业化进程给传统竹编技艺带来了挑战，但海南黎族竹编技艺依然通过传承人的努力保留着独特的民族风格。为保护弘扬传统技艺，近年来海南省人民政府及文化机构加大了对黎族竹编技艺的保护力度，将其列为非物质文化遗产进行系统保护。

（二）海南黎族竹编的材料与工艺

海南黎族竹编技艺依赖于海南岛丰富的竹资源，常用竹材包括苦竹、毛竹、水竹等。这些竹子因其坚韧、易加工的特性，被黎族人民用于制作各类竹编制品。在竹材选择上，黎族手艺人非常讲究，通常选择那些生长周期长且材质坚硬的竹子，这些竹材经过处理后更为结实耐用。竹编工艺流程包括采集、处理、编织三个主要步骤。采集竹材时，手艺人会于冬季砍伐的竹子，因为冬季竹子的含水量较低，不易变形、生虫。在处理过程中，竹子先被切割成合适的长度，接着去除外层竹皮，留下较为坚韧的竹芯。之后，对竹芯进行刨削、切割，以便编织时能更好地弯折和塑型。在编织环节，黎族竹编艺人不使用模具，而是根据经验直接操作，先制作框架，再进行细部编织。纯手工工艺保证了每一件竹编制品都是独一无二的，也展现出黎族艺人的精湛技艺。为延长竹编制品的使用寿命，艺人在编织完成后，会对竹编器物进行打磨、涂油处理，使其更加光滑、美观且防水。

（三）海南黎族竹编的技法与纹样设计

黎族竹编技艺有着丰富的编织技法与多样的纹样设计，这些技法、纹样不仅是功能性的，也是文化、美学的表达。常见编织技法包括十字编、方格编、菱形编、螺旋编等。十字编是最基础的编织技法，通过简单的纵横交错形成网格状的结构，适用于大多数竹篮、鱼篓的制作。方格编是将竹条以更复杂的交错方式排列，形成方形的纹理，以此增加竹编器物的立体感、装饰性。菱形编常用于帽子、其他装饰性器物，有助于增加器物的透气性、视觉美感。螺旋编通过竹条的螺旋缠绕，形成具有弹性、灵活性的结构，适用于需要承受压力的竹制品。

黎族编织器物通过单经单纬、两经两纬、多经多纬的组织方法获得了万千图形，线与材料的特性使这些图形形成了极强的几何装饰效果，并基于编条形状、粗细，以及编织厚度的不同，造就了多样的肌理效果（图2-5）。

图2-5 黎族藤腰篓（编织器物的抽象美）

纹样设计方面，黎族竹编艺人常以大自然为灵感，纹样多为动植物、几何图案等。例如，鱼骨纹、叶脉纹、鸟翼纹等纹样不仅展示着黎族人与自然和谐共生的生活方式，还通过竹编技艺传递了他们对自然的热爱与敬畏。这些纹样不仅具备美学价值，也承载着黎族文化的独特内涵，是黎族竹编技艺的重要特征。

（四）海南黎族竹编技艺的现状与保护措施

随着现代化、工业化发展，传统竹编技艺面临严峻挑战。年轻一代对竹编技艺的兴趣逐渐减弱，竹编制品市场需求也有所萎缩，传统技艺传承面临断层风险。现代工业产品的普及使手工竹编制品的实用性、市场竞争力下降，大部分年轻人更倾向于选择技术含量更高、收入更稳定的职业，使竹编技艺的传承后继乏人。为保护珍贵非物质文化遗产，海南省人民政府、社会组织采取了一系列措施支持竹编技艺的发展。例如，海南省将黎族藤竹编技艺列为省级非物质文化遗产，通过提供资金补助、技能培训等方式支持竹编艺人继续从事传统技艺；部分文化机构、高等院校也开设了培训课程，让年轻人有机会接触、学习竹编技艺。文化节庆、展览活动也成为推广黎族竹编技艺的重要平台，通过展览、互动体验，增强公众对竹编文化的了解与兴趣。这些保护推广措施为黎族竹编技艺的传承创造了良好的条件，也为传统黎族竹编技艺在新时代的发展注入了新活力。

第四节

海南黎族絣染技艺

一、海南黎族絣染概述

（一）黎族织锦絣染技艺渊源与特点概述

絣染技艺是海南黎族人民在染织领域传承已久的独特工艺，其历史可追溯到东汉时期。根据《说文解字》记载，"絣"字起源与氏人制作的特殊缕布相关，为理解絣染技艺的历史渊源提供了重要线索。清代学者段玉裁的《说文解字注》进一步指出，絣染是在布的织造过程中，对经线、纬线进行染色，以形成独特图案。这种技术与其他染色方法，如扎染、蜡染等不同，后者是在织成布后进行的后加工。

在南太平洋周边地区，絣染技艺非常流行，且各地区表现出不同的特色。海南黎族所采用絣染工艺主要以经线染、纬线不染的方式进行，织成的布料花纹呈现出一种朦胧的美感，仿佛在律动中展现出自然之美。工艺的复杂性源于对材料的处理、染色过程的精细要求。在海南，黎族人民首先从周围环境中采集海岛棉，经过脱籽、晾干和纺线等步骤，逐步形成可以用于絣染的棉线。染色过程是絣染技艺的核心部分。黎族手艺人会使用名为"鸭脚粟"的植物作为染料，煮沸后对棉线进行脱脂处理，以增强棉线的韧性、耐久性。通过精细的绕线、绑扎技艺，艺人在棉线上预设花纹，然后将其放置在絣染架上进行染色。染色后，艺人会将线圈取下，细致地将粘在一起的棉线分开，确保花纹清晰可见。

黎族絣染技艺不仅在技术上具有独特性，还在文化上具有重要意义。从古至今，絣染技艺承载着黎族人民的生活智慧与文化传统。《说文解字》中对"絣"的定义，反映了黎族利用麻缕制作色彩交错布料的传统，显示出其在古

代社会中的重要经济价值。宋代文献提到黎族妇女运用传统缬染技术织出的"结花黎"布，表明绗染技艺早已成为黎族文化的重要组成部分。

在国际上，绗染技艺在中亚、南亚、东南亚地区都有悠久历史，各地对其的命名、制作技艺表现出丰富的多样性。在中国海南、日本称为"绗织"，在阿拉伯称作asab，而在印度则称为patola。虽然技术工艺有所不同，但核心理念是相通的：通过对经纬线的处理，形成美丽的织物。海南黎族绗染技艺以其独特的工艺流程、文化传承，展现出与众不同的魅力，成为中国传统染织技艺中不可或缺的一部分。

随着时代的发展，海南黎族绗染技艺也面临着现代化挑战，传统技艺的传承需要新发展路径。独特的技艺，使黎族文化在多元文化的背景下保持鲜活与独立。通过对黎族绗染技艺的保护弘扬，能更好地传承这一宝贵的文化遗产，使绗染在新时代焕发出新生机（图2-6）。

图2-6　黎族绗染技艺制作产品（博鳌亚洲论坛展示作品）

（二）黎族织锦绗染技艺工艺特征

黎族绗染技艺是一种独特且富有艺术性的传统染织方法，蕴含着深厚的文化底蕴与历史传承。技艺起源于古代，至今已有三千多年的历史，展现着黎族人民在染色工艺方面的智慧与创造力。绗染是一种结合扎、染、织的工艺，体现着黎族人民对自然和美的独特理解。绗染工艺基本流程包括扎染、染色、织布。与传统扎染工艺不同，黎族的绗染采用先染后织的方法。首先，艺人通过捆扎或缝合方式对棉线进行处理，形成一个局部的防染区域。未被扎紧的部分将在染色过程中吸收颜色，扎紧的部分则保持原色，形成具有独特色晕、肌理效果的纹样。这种方式不仅体现了工艺的复杂性，也使成品布料在色彩、纹理上呈现出丰富的层次感，赋予了织物朦胧的艺术效果。黎族绵染技艺以不同方言区分类，如美孚方言区的扎花绵染、其他方言区的扎花绵染。这种地区性差异在技艺上表现出不同的手法风格。美孚方言区以精细的扎经染工艺而闻名，采用特制绵染经线架和"干"字形上经线架，使扎经防染操作更为精准。独特的架具配合灵活的扎染技艺，使艺术作品的色彩、图案更为生动。黎锦的整个制作过程主要包括十几道工序，涵盖从采棉到纺织的每一个环节。首先是采集海岛棉，经过轧棉、纺线等步骤，将棉花处理成纱线，然后进行上浆处理以增强棉线韧性。接着进入染色环节，整个过程包括将线圈按预设花纹进行扎染，使用植物染料进行染色。染色完成后，将处理好的经线安装在腰织机上进行织造，最终形成独特的黎锦产品。黎族绵染艺术丰富的色彩运用、纹样设计，展现着黎族人民对自然与生活的热爱。这种染织工艺在新疆的艾德莱斯绸中也有所体现，两地相隔4000多千米，染色工艺却在某种程度上异曲同工。绵染、扎经染的共同点在于它们的精细化和复杂性，在纬线的搭配上形成了独特的图案效果。黎族绵染技艺的文化价值也不容忽视。其不仅是黎族人民生活的一部分，也是传承、弘扬黎族文化的重要载体。通过对传统工艺的保护与传承，可提升黎族文化的影响力，推动民族文化的交流融合。黎族绵染技艺以其独特的工艺流程与丰富的文化内涵，展现着黎族人民深厚的历史积淀与艺术追求，不仅在技术上独树一帜，也在文化传承中扮演着重要角色，值得进一步探索。

1. 纺

海南岛棉花种植历史悠久，黎族传统织锦中的核心材料——海岛棉，正是黎族人民聚居地区的优质资源。海岛棉以纤维长、强度高而闻名，具备厚重的质感、良好的透气性，能有效吸湿排汗，被认为是世界上最优质的棉纤维之一。

在黎锦生产过程中，纺织环节是重要环节。首先，在采摘完海岛棉后，需使用脱棉籽机将棉花籽与棉花分离，将棉花中的籽有效去除，为后续纺织做准备。脱籽后的棉花将经过脚踏纺线机进行初步的纺纱，整个过程要求操作人员具备熟练的技巧，以确保纱线的均匀性和强度。纺好的棉线将采用

"工"字形线架被缠绕成线卷，不仅便于储存使用，还能保证在后续染色、织造过程中线的整齐与便捷。线卷的质量直接影响到后面的工艺，在该阶段，工匠手艺显得十分重要。

为增强棉线的强度、耐用性，对棉线进行上浆处理。通常将棉线与一种当地植物——鸭脚粟（学名穇子）一起放入水中煮沸，时间约为3小时。鸭脚粟的果穗呈紫黑色，因形状酷似鸭脚而得名，其质地较为粗糙。在煮沸的过程中，鸭脚粟会软烂并释放出淀粉，与棉线结合，形成一种天然的上浆效果，使棉线在后续工序中更为坚韧、不易断裂，同时还能防止虫蛀。

煮沸完成后，棉线将被捞出并进行晾晒。阳光强度十分重要，若阳光不足，会直接影响棉线的色泽，进而影响后续染色效果。棉线经过上浆处理并晒干后，其强度、韧性都显著提升，确保在接下来的染色、织造过程中不易断裂，保持良好的品质。

纺线工艺在黎族传统织锦制作中具有重要地位。从采棉到纺线，再到上浆，每一个环节都体现着黎族人民对手工艺的执着与热爱。通过这种传统手法，黎族人民保留着悠久的文化遗产，也为后世传承着丰富的技艺。海岛棉的独特性、黎族纺织技艺的精湛，使黎锦在国内外享有盛誉，成为民族文化的重要象征。

2. 染

在黎锦制作过程中，绗染是非常重要的工序，主要包括上经、扎经、染色等步骤，每一步都承载着黎族独特的文化与技艺，体现着深厚的民俗传统。

首先是上经。经过上浆处理的棉线按照特定的绕线顺序被缠绕在一种"干"字形线架上。每四圈作为一组，绕好后取下并安置在经线架上，形成上下两层。通过这种方式，每组线圈数量增加为八根，此棉线将在织造过程中作为经线使用。整个步骤看似简单，但要求工匠具备极高的技巧，以确保线圈紧凑、均匀，为后续扎经、染色奠定坚实基础。

其次是扎经。扎经的主要功能是防染。工匠会使用玉米皮、黑色棉线，根据预设图案在经线上进行分段、分股地缠绕与扎线，直至经线架上布满线结。扎经的过程需要投入大量的时间、精力，扎结须扎牢，以防止染色过程中出现脱落现象。扎经图案遵循经纬交织的编制规律，主要采用抽象的几何纹饰。由于黎族人民缺乏书面文字和图纸，该技艺的传承依赖口耳相传、实践经验的积累，工匠在扎经的过程中，心中早已构思出最终图案。传承与创新的结合，使每件作品都充满个性与生命力。

再次是染色。在经线扎好线结后，工匠会先将其浸湿，然后放入染缸中进行染色。黎族绊染以蓝色为主，会多次反复染色，直至达到接近黑色的深蓝色。每一次浸染都需要严格控制时间与浓度，以确保染色均匀，达到理想效果。染色完成后，工匠会仔细清洗经线，去掉浮色，接着去除线结，此时可看到被扎结保护的部分仍保留着棉线的本色，形成隐约可见的花纹、图案。

最后是上浆。为增强经过染色的经线的硬挺度，工匠会再次将其与鸭脚粟煮沸三小时。整个过程不仅能为棉线上浆，使经线更加坚韧，还能提升染色的效果，确保在后续织布过程中线材保持最佳状态。通过独特的处理，形成的经线不仅富有层次感，也展现出黎族人民在染色技艺上的智慧与创造力。

3. 织

在黎锦制作过程中，织布是重要环节，在经线上浆处理后便可开始。织布使用的工具为踞织机，也被称为腰机，作为现代织机的始祖，其历史可追溯至新石器时代。该织布工具以结构简单、操作灵活受到广泛欢迎。踞织机使用方式独特，工匠席地而坐，将织机一端的卷布轴系在腰间，另一端通过双脚支撑，以此保持经线的紧绷状态。人在其中不仅充当了支架角色，也通过手脚的协调配合来完成织布。织布时，工匠需要提起综杆和导纱棒，并使用分经辊进行辅助，确保纬线能顺利穿插于经线之间。这种灵活的操作方式，使织造过程不仅高效，且富有艺术性。

在打纬的过程中，工匠使用打纬刀将纬线压紧，从而实现经纬纱的纵横交织。对复杂花纹的织造，工匠还需运用提花刀、提花综杆等工具，以达到精细的图案效果。这种多样化的工具使用，体现着黎族人民对织造艺术的深刻理解与实践经验。每一件织品制作，不仅是对技艺的挑战，也是对创意的释放。黎族踞织机不仅在技术上有其独到之处，其织布工艺也是一种文化传承的表现。其他少数民族如彝族、独龙族、傈僳族、怒族、佤族等，也仍在使用这种传统织机进行锦绣，其成为多民族文化的共同遗产。在实际织造过程中，工匠不仅需具备熟练的技术，还要有丰富的经验、高度的专注力。每一次的纬线缠绕、每一次的力度控制，都会直接影响成品的质量与艺术效果。对黎族工匠而言，织布不仅是劳动，也是情感的表达，是黎族人民对生活、自然、文化的深刻理解。

踞织机操作虽然看似简单，但需要长时间的练习与精细手法才能达到理

想效果。在织造的过程中，工匠需时刻注意经线和纬线的张力，以确保织物的平整与均匀。一旦出现松紧不一或织造不当，都可能会造成成品的质量下降。

经过细致的织造，黎锦作品最终呈现在眼前。这些织物不仅展示了黎族人民高超的技艺，也承载着黎族人民的文化传统与艺术追求。每一块织锦都是工匠智慧与心血的结晶，是对传统工艺的传承与创新。

4.绣

刺绣是黎锦制作工艺中不可或缺的最后一道工序，赋予织物以细腻的艺术表现。尤其在龙被等重要品种中，刺绣应用十分广泛，其花纹以龙纹为主体，展现出深厚的文化内涵与工艺技巧。龙纹不仅是力量与尊贵的象征，也是黎族人民精神信仰的体现，常被用于宗教用品、民间艺术精品中，具有重要仪式感与美学价值。在刺绣的过程中，工匠们使用多种针法、色彩，将图案精致地绣制在织物上，整个环节不仅考验着工匠的技艺，也体现了工匠的艺术修养与创作灵感。与其他方言支系的黎锦相比，美孚方言锦中的刺绣工艺较为少见，显示出其独特的地域文化特色。

二、绊染在现代服饰设计中的应用分析

（一）绊染在黎族美孚方言传统服饰中的应用分析

黎族服饰分为五大方言区，各具特色，展现出相似性，反映着黎族文化的丰富性与多样性。在服饰中，绊染技艺十分突出，在美孚方言区传统服饰中，其应用体现着鲜明的民族特色与文化传承。美孚方言区服饰以绚丽的颜色与独特的图案著称，绊染技艺使得服饰的花纹呈现出朦胧之美，营造出一种动感与艺术效果。这种传统技艺不仅为现代服饰注入文化内涵，也可为设计师提供创新灵感，使传统与现代完美融合，推动着黎族文化在当代的传播发展。

1.黎族美孚方言区女子服饰与配饰中的绊染元素

黎族美孚方言区女子服饰主要由上衣、筒裙、头巾三部分组成，筒裙根据年龄划分为中老年妇女、青年女子、儿童的不同款式，各自展现出独特的风格。妇女上衣通常采用深蓝或黑色，设计为长袖开襟，无纽扣，取而代之的是一对小绳结。剪裁方法独特，由左右两个相同形状的方布块组成，能遮盖上身。上衣背面从中央缝合，衣领则用约6厘米宽的窄长布条制成，领边缝有白色的米栗纹织锦。上衣的侧缝和袖口则用白色线缝制，后背还特别设计了不对称的棉布挡背，增加了服饰的层次感。

在配饰方面，美孚方言区女性头巾与其他方言区有所不同，其色彩简洁大方，以黑白相间为主，且常有简单米栗纹点缀，可增强整体的协调性。

美孚方言区筒裙在设计上别具一格，裙花部分使用多色棉线编织成各式花样，其他四幅则为染色布，独特的染织工艺是美孚方言区筒裙文化的特色。她们通过扎结染色与精细编织，使筒裙上的花样呈现出冷峻之美，线条结构与色彩对比带来了层次感与视觉冲击力。织绣纹样以波浪线、平行线、对称图形为主，装饰中还包含骑鹿、骑马等图案，生动展现了黎族人民的生活、信仰。

黎族青年女孩的筒裙则更为鲜艳，利用扎染、多色棉线织成的图案，表达着她们对婚嫁的期待。女童服饰展现出更为纯粹的风格，常见单纯染色或色彩斑斓的筒裙，设计多样，富有童趣。黎族美孚方言区女子服饰图案设计与日常生活紧密相关，其通常将所见的植物与场景融入服饰中，例如"联庞敢"的钩刀图案代表男性，"联庞杠"的镰刀图案则代表女性。这些图案不仅传达着生活的智慧，也是婚嫁彩礼的重要组成部分。在黎族，能够出具染织服饰的家庭在当地被视为富裕，具备染织技艺的织娘被认为是能够为家庭带来财富的能手。通过精美的服饰与独特的绊染元素，黎族美孚方言区的女子服饰不仅展现着深厚的文化底蕴，也在现代设计中为民族传统增添新的生命力。

2.黎族美孚方言区男子服饰与配饰中的绊染元素

美孚方言区黎族男子服饰与女子服饰相比，呈现出相对简约、独具特色的设计风格。虽然美孚方言区的染织技艺常用于女性服饰，但是男子服饰中的绊染元素也展现出丰富的文化内涵。美孚方言区男子服饰主要由海南独特的海岛棉、麻纤维粗布制作，质地坚韧、厚实，颜色以深蓝色为主，通过简单的染色手法在服装上形成白色图案。上衣的裁法与女子服饰相似，采用两块方形布料缝制而成，前后对称地覆盖上身，设计简洁但富有美感。在装饰方面，上衣前后两侧缝有米栗纹的织锦图案，袖口部分宽约16厘米，采用与领口相同的窄长布条缝制，袖口与领口的边缘还缝有暗褐色棉布，使整件服饰在深蓝色基础上增添了层次感。与其他方言区黎族男子服饰不同，美孚方言区男子服饰没有围腰的丁字裤，而是选择了前后开衩的短裙。短裙由两块方形的粗布裁剪而成，裙摆两侧的开衩边缘装饰有1厘米宽的绗染织锦，整条裙子紧扎在腰间，自然垂至膝盖。虽然美孚方言区男子的服饰设计较为简朴，但是通过独特的染织工艺与精致的细节处理，仍体现着美孚方言区黎族人民在日常生活中对传统技艺的传承。

（二）绗染在现代服饰设计中的创新应用要素分析

1.色彩的创新应用

在现代服饰设计中，黎族美孚方言区绗染技艺的色彩创新应用，打破了传统的深蓝色局限，融入了多样化的色彩元素，推动着传统工艺的现代化进程。传统蓝靛泥染以深蓝色为主要基调，象征着自然与民族的质朴情怀。随着现代时尚对色彩的需求日益多样化，设计师在传统工艺基础上，探索出更为大胆、鲜艳的色彩组合。通过引入葡萄紫、亮黄色、鲜红色等强烈对比的色彩，不仅保留着绗染技艺的独特纹样与工艺结构，也赋予其全新的视觉冲击力。这种色彩上的大胆创新，使绗染作品在时尚界获得了更多关注，展示着现代设计中民族文化与时尚潮流的有机融合。色彩的多样化运用不仅可丰富黎族绗染的表现形式，也可为服饰设计带来新的可能性，在夏季服饰中，可通过运用鲜艳的颜色来凸显服饰的活力与现代感，使传统工艺焕发出全新的生命力。色彩变化不仅体现在染料选择上，也在设计理念上进一步拓展，如不同颜色的搭配、层次感的体现，使传统工艺在当代服饰中更具时尚性与艺术表现力。这种色彩上的创新应用，不仅提升了绗染技艺的视觉吸引力，还为现代服饰设计提供了丰富的创作灵感，推动了传统技艺在时尚领域中的应用。

2.图案的创新应用

在现代服饰设计中，黎族美孚方言区绗染技艺图案的创新应用充分展现着传统文化与当代设计理念的巧妙融合。传统黎族图案以几何纹样、自然元素为主，如波浪线、平行线等象征着生活与信仰的抽象图形，表现出黎族人民对自然万物的崇敬和生活智慧。随着时代的变迁与审美需求的变化，设计师在保留经典元素的基础上，对图案进行了重新解构与创新应用，使其更具现代感和时尚感。图案创新不仅体现在形状、构图上，还通过不同元素的组合与变化形成新的视觉效果。例如，设计师通过将几何图案与现代艺术符号相结合，可增加图案的层次感、抽象性，以此来打破传统图案的对称性与单一性，增强服饰的设计感与个性化表达。创新的图案应用还强调与色彩的互动，通过色彩对比与协调，凸显着图案的视觉张力与独特韵律。传统工艺的大胆突破，使图案不仅成为装饰性元素，更成为服饰设计中情感与文化的载体，赋予作品新生命力与表达空间。在现代服饰设计中，图案的创新应用还注重与当代潮流趋势的结合，如简约风格、抽象表现手法等，使絣染技艺得以更好地适应时尚市场的需求。这种创新图案的应用方式，不仅为黎族絣染技艺注入了新活力，也在全球化背景下拓展了其在现代服饰设计中的应用前景。

3.材料的创新应用

在现代服饰设计中，黎族美孚方言絣染技艺材料的创新应用可为传统技艺注入新生命力，并为其提供广阔的设计空间。传统絣染技艺多采用本地的海岛棉与麻纤维粗布作为主要材料，这些天然纤维质地坚韧，具有良好的透气性、吸湿性，展现着黎族人与自然和谐共生的生活智慧。随着现代科技的进步与时尚需求的多样化发展，设计师在保留传统天然纤维优势的基础上，开始引入现代纺织材料，如人造纤维、混纺面料、新型环保材料。材料创新不仅可提高服饰的功能性、舒适度，还使传统絣染技艺能适应多样化的设计需求与应用场景。例如，现代材料的引入可提升布料的耐用性、弹性、防皱性，使絣染技艺服饰更符合当代人的生活方式。环保材料的使用也可成为现代设计中的重要趋势，设计师开始探索生物可降解材料、再生纤维等可持续时尚的可能性，不仅契合当前的环保理念，还可为传统技艺注入创新内涵。材料创新还体现在表面处理技术的应用上，通过新型加工工艺，如涂层技术、压花工艺等，絣染面料在质感与光泽上更加多样化，为设计带来更丰富的表现形式。这种材料革新与传统工艺的结合，使黎族絣染技艺在保持文化传承的同时，获得新发展路径，从而为现代服饰设计注入独特的民族风格与现代时尚感。

第三章

黎族传统技艺的保护与传承

第一节

海南省非物质文化遗产保护政策

一、非物质文化遗产保护政策概述

非物质文化遗产保护政策是政府部门为保护传承传统非文化遗产制定的一系列政策措施。旨在通过立法、行政手段，确保各民族的非物质文化遗产得以保存、传承与发展。自2011年《中华人民共和国非物质文化遗产法》颁布以来，国家对非物质文化遗产保护工作给予高度重视，推动着非物质文化遗产的申报、认定、传承体系的建设。海南黎族传统技艺，如黎锦纺织技艺、黎族绀染技艺等，作为重要的少数民族非物质文化遗产，已被列入国家级非物质文化遗产名录。这些技艺不仅具有历史、文化价值，也是黎族人民生活智慧的结晶。国家通过设立专项资金、保护名录、传承人认定等方式，支持技艺的持续传承。相关机构还通过文化活动、展览、培训等多种形式，增强社会对非遗认知与关注，激发年轻一代对传统技艺的兴趣。非遗保护政策的实施，不仅为传统技艺提供了制度保障，也为其在新时代创新发展提供了新机遇。

二、海南省对黎族传统技艺的保护措施

海南省针对黎族传统纺染织绣技艺保护与发展，出台了《黎族传统纺织绣技艺保护发展三年行动计划（2021—2023年）》（以下简称《行动计划》），旨在通过系统性保护、创新性发展和推广，提升黎锦技艺的传承水平。《行动计划》的主要目标是提升黎锦技艺的保护与发展水平，扩大传承人群，增加市场主体，使黎锦产品生活化、时尚化、国际化，成为海南自由贸易港的文

化名片之一。《行动计划》中提出了多项措施。首先，建立健全黎锦技艺保护机制，主要包括推动省级黎族文化生态保护区建设，制定扶持黎锦发展的政策，完善传承保护评估体系，以保障资金、项目的管理。其次，通过传承计划提升传承人的专业能力，扩大与省内外院校的合作，并加强职业教育资源库建设，为年轻人提供专门的职业培训，确保技艺的代际传承。计划注重黎锦技艺的宣传推广，组织黎锦产品参与国内外时装秀和非遗展示活动，提升其国际知名度。计划推动着黎锦文化与旅游融合发展，通过建设非遗展示中心、开设文创卖场等形式，促进黎锦文化的传播与市场化。最后，扶持黎锦及文创产业发展，鼓励创新设计与专利申请，推动黎锦产品进入电商平台，实现线上线下相结合的产业模式。这些措施不仅可以确保黎锦技艺的传承与发展，也可以为其在现代社会推广提供支持。

第二节

黎族传统技艺保护与挑战

一、技艺传承中的代际断层问题

黎族传统技艺的传承面临着代际断层问题，主要原因是社会现代化进程对传统技艺传承模式的冲击。黎族传统技艺，如纺染织绣，主要依靠家族内部的口传心授模式进行传承，这种传承方式要技艺的积累。现代社会的快节奏与对即时经济回报的追求，使得年轻一代对需要长期投入的手工技艺逐渐失去了兴趣。部分年轻人选择外出务工或追求现代职业，造成传统技艺在家族或社区中后继乏人。传统技艺的学习需要大量的时间、精力，但现代教育体系、社会生活方式无法提供足够的时间、空间让年轻人静心学习技艺，加剧着传承的困难。现代市场环境对传统手工艺品的需求相对有限，手工制品的经济回报与工业化产品无法相比，使得年轻人更倾向选择回报更为明显的现代职业。这种经济、社会价值观的转变，使传统技艺传承不再是年轻人优先考虑的职业选择，造成了代际之间的技艺断层问题日益突出。

二、现代化进程对传统技艺的冲击

现代化进程对黎族传统技艺的冲击体现在多个方面。第一，工业化生产的高效性、大规模性使传统手工艺在市场上逐渐失去竞争力。现代机器可以极低成本生产出大量产品，手工艺品由于制作过程复杂且耗时，成本高昂，难以与现代工业制品在价格、生产速度上竞争。第二，现代消费观念的变化使传统技艺文化价值被弱化。消费者越来越倾向于追求时尚、便捷、功能性强产品，传统手工艺品的独特性、文化内涵难以与这些需求相契合，造成其在现代市场中地位逐渐边缘化。第三，城市化进程加速着黎族传统生活方式的转变。与黎族传统技艺密切相关的生活场景正在消失，那些植根于农业社会的技艺，如纺织、染织技术，由于使用场景的减少，已逐渐被现代工业产品所取代。现代化带来的技术进步虽然提升了生产效率，但也改变着手工技艺的原始面貌，技艺文化内涵与工艺精神逐渐被技术革新替代。这种对文化、工艺本身的淡化，使技艺不仅是文化传承的载体，还成为追求市场效益的工具。

三、保护黎族技艺的资金与资源困境

在保护黎族传统技艺的过程中，资金、资源困境是长期存在的瓶颈，严重制约着技艺的传承、推广。首先，资金短缺是技艺保护的主要障碍。黎族传统技艺多处于经济欠发达地区，地方政府财政投入有限，难以为技艺传承提供足够经济支持。虽然国家、省级层面对非物质文化遗产有专项资金，但面对多种类、多层次的非遗项目，这些资金捉襟见肘，无法全面覆盖技艺传承的各个方面。其次，资源匮乏加剧着保护的难度。黎族传统技艺的原材料，如棉、麻等天然纤维及制作过程中所需的工具、设备，随着现代化进程推进而逐渐减少或变得昂贵，额外增加了技艺保护的成本。部分传统原材料资源因为生态环境的变化也变得更加难以获取，限制着传统技艺的生产能力。最后，技术、人才资源的缺乏也使保护工作举步维艰。大部分黎族技艺传承人年事已高，而年轻人由于收入不稳定与就业前景不明确，不愿意投身技艺学习中，造成技艺传承出现断层。即使有部分社会力量愿意参与技艺的保护推广，但由于资源、资金的限制，部分保护项目缺乏长远的规划与持续性支持，造成黎族技艺保护工作的成效有限。因此，解决资金与资源困境不仅需要地方、国家层面的财政支持，还需要社会各界共同参与，以此建立起稳定且可持续的技艺保护与发展机制，从而确保黎族传统技艺在现代社会中得以延续、发展。

第三节

黎族传统技艺的现代教育与推广

一、依托校企合作，全面推进黎族传统技艺校园传承

依托校企合作推进黎族传统技艺的校园传承，可通过多种方式具体实施。首先，校企合作能将传统技艺与现代教育体系相结合，推动黎族技艺进课堂。高校可与当地企业共同制定技艺传承课程，通过专业课程设置，将黎族传统技艺如纺染织绣等纳入教学计划中，让学生在学习理论知识的过程中，也能掌握实际操作技能。企业可提供实践基地，学生通过定期到企业进行实习或参与实际项目，获得实践经验，增强对技艺的理解与掌握。其次，高校可通过与企业合作组织技艺传承研修班，邀请黎族传统技艺的代表性传承人担任授课教师，进行深入技艺培训、示范，帮助学生在校期间接触到最原汁原味的技艺传承。最后，校企合作还可通过联合举办技艺大赛、展览等活动，激发学生对传统技艺的兴趣，培养他们的创新意识。企业可通过实践活动发掘优秀的传承人才，为技艺的传承储备后续力量。企业可为学校提供技艺相关的原材料与设备支持，确保学生能在实际操作中学习技艺的每一个环节，从而将理论与实践结合得更加紧密。紧密的校企合作模式，不仅能推动黎族传统技艺的校园传承，还能为现代社会培养出既具传统技艺素养又具备市场竞争力的专业人才。

二、设立非遗传承人工作室，培养技艺传承骨干

为培养技艺传承骨干，政府部门可围绕黎族传统技艺发展需求，鼓励传承人设立非遗传承人工作室。首先，可在文化艺术机构、职业院校、企业内

建立专门的传承人工作室，提供设备齐全工作空间，包括所需纺织、染色、刺绣等技艺工具、材料，确保传承人、学徒可有序开展技艺实践。其次，可制订系统的传承计划，明确教学目标，将传统技艺分阶段教学，设定初级、中级、高级培训内容，帮助学徒从基础的技艺入门，逐步掌握复杂的工艺流程。工作室需聘请技艺精湛的非遗传承人作为导师，传承人不仅负责手把手教学，还需通过亲自示范、个性化辅导等方式，确保每个学徒都能充分理解技艺核心。再次，工作室需定期组织技艺培训和研讨活动，邀请其他领域的手工艺专家、设计师等跨界人士参与，激发学徒的创新思维，使学徒能在学习传统技艺的过程中探索创新应用的可能性。工作室还可设立技艺考核机制，对学徒的学习进展进行定期评估，确保其能达到技艺传承的标准。最后，为提升学徒的实操能力，工作室可安排学徒参与实际项目制作，让学徒独立完成订单任务，积累实践经验。工作室还可与当地文化部门、非遗保护机构合作，举办技艺展示、比赛，为学徒提供展示平台，提升学徒在传统技艺领域的知名度与职业认同感，激发其继续学习、传承的热情。

三、开展传统技艺文化课程，提升学生文化认同感

开展传统技艺文化课程，提升学生文化认同感可从以下几方面入手。首先，课程设置需结合黎族传统技艺的历史背景与文化价值，设计理论与实践相结合的教学内容。高校可开设专门的技艺文化课，分阶段讲授黎族纺染织绣的起源、发展及在黎族社会中的重要作用。理论部分可通过历史、文化、艺术等多角度解读技艺的深刻内涵，帮助学生建立对黎族文化的整体认知。其次，实践课程是关键环节，高校可邀请黎族非遗传承人或技艺专家到校进行现场教学，通过手把手传授，使学生亲身体验传统技艺的制作过程，如手工纺纱、染布和织锦等。再次，为确保学生能深刻理解技艺的复杂性，实践课应安排充分的操作时间，确保学生能在反复练习中掌握基本技能。例如，高校可通过设立学生工作坊或技艺社团，鼓励学生在课外时间继续探索技艺，互相交流学习经验。最后，为激发学生的兴趣与认同感，高校可组织技艺展示活动或竞赛，让学生有机会展示自己的作品，增强学生对技艺的成就感和自豪感。同时，还可以安排学生参观黎族技艺传承基地或文化博物馆，进行沉浸式学习，帮助学生感受传统技艺背后的文化氛围与民族情感。

四、利用新媒体平台，创新技艺传播与推广

利用新媒体平台创新黎族传统技艺的传播与推广可通过以下做法实施。第一，建立专业化的技艺展示账号或频道，如在抖音、快手、哔哩哔哩等视频平台上创建专门展示黎族技艺的内容输出窗口。通过定期发布精美的短视频，展示黎族纺织、染色、刺绣等技艺的制作过程，将技艺的复杂性与美学价值直观呈现给大众。视频内容主要包括技艺的起源故事、工艺技巧的教学、作品展示、传承人的日常工作场景，以此吸引观众的关注、互动。如图3-1所示，该作品结合黎族服饰形态美与基础造型元素。通过重复手法清晰地表现出黎族服饰中对称性、节奏性的韵律，将黎族服饰文化进行了现代化服饰创新设计。

图3-1　琼台师范学院2017级艺术设计学专业郭星雨作品

第二，可通过网络直播的方式，举办非遗技艺的直播教学或互动交流，邀请传承人在直播中实时展示技艺流程，与观众进行互动，让观众能更深入地了解技艺的细节，感受到黎族传统技艺的魅力。直播形式还可增强观众的参与感，观众可在直播中提出问题，传承人或技艺专家进行解答，以此形成更加生动的技艺传播方式。第三，新媒体平台可结合社交媒体的特点，推出与技艺相关的线上活动，如技艺作品线上征集、互动挑战赛等，鼓励用户自发创作、分享与黎族技艺相关的内容，提升用户参与度。通过这种方式，技

艺传播不仅限于单向的展示，而且能形成社交互动，扩大传播的覆盖面、影响力。第四，为吸引年轻人群体，可将黎族传统技艺与时尚、生活方式等现代元素相结合，推出跨界合作的内容。例如，将黎锦纹样融入现代服饰设计或家居装饰，并通过时尚博主、设计师等关键意见领袖（KOL）进行推荐推广，增强传统技艺的现代吸引力。第五，通过与电商平台合作，新媒体平台还可实现技艺产品的商业化推广。设立专门的线上店铺，将黎锦、刺绣等手工艺品推向市场，利用短视频或直播带货形式直接与消费者进行互动，提升销售转化率。这种方式不仅能提高技艺传播的广度，还能为技艺传承人与生产者带来经济收益，推动黎族技艺的可持续发展。

第四节

黎族服饰文化国际化传播与发展

一、黎族服饰文化在国际交流中的角色

黎族服饰文化在国际交流中扮演着文化传播者与软实力建设者的角色。文化软实力已成为衡量国家综合实力的关键部分，影响力大小不仅取决于文化内容独特魅力的大小，还取决于黎族服饰文化传播手段与推广营销质量的高低。推动海南黎族服饰文化的国际传播，不仅是展示黎族文化多样性、特色的重要方式，也是助力海南打造国际品牌、增强国家文化影响力的关键举措。首先，黎族服饰文化推广与海南旅游经济发展密切相关。海南作为国家旅游业改革创新试验区，肩负着打造世界一流海岛休闲旅游目的地的使命。黎族服饰作为海南文化的象征之一，其独特的美学价值与手工技艺能为海南旅游资源增添文化内涵，提高旅游体验的深度，从而推动旅游经济的发展。整个过程不仅可以激活海南的经济活力，还可以为国家整体经济的发展注入新动力。其次，黎族服饰文化在国际交流中还能为海南自由贸易港建设赋予文化内涵。黎族服饰独特的纹样、工艺、文化象征，可通过多元的文化展示与创新，提升海南的文化吸引力，增强投资者对海南的兴趣，为自由贸易港顺利建设创造良好的文化氛围。再次，黎族服饰文化推广还对国家文化影响力提升具有重要意义。在推动中华文化参与国际竞争的过程中，黎族文化传播能弥补单一文化输出的不足，拓展国家文化贸易的渠道，改变长期以来的文化贸易逆差格局。通过展示黎族服饰的传统技艺与文化内涵，不仅能塑造中国多元文化的国际形象，还能增强国际社会对中国的认同感与信任感，为国家在全球舞台上树立积极形象提供精神动力。最后，黎族服饰文化推广有助于促进国家与东南亚地区的文化交流。海南黎族文化与东南亚文化在形式与内容上存在诸多共通之处，使其更易被东南亚民众接受。黎族服饰中的黎

锦工艺、独特色彩、船形屋等元素，不仅能丰富当地的文化景观，还能为东盟文化创新提供灵感，促进中国—东盟文化共同体建设。

二、国际文化交流活动中的黎族服饰文化展示

在国际文化交流活动中，黎族服饰文化展示成为传递民族文化内涵与增进国际理解的重要途径。黎族服饰以丰富的纹样、鲜明色彩、精湛的手工技艺，吸引着各国观众的关注，为中华文化多元性、民族特色提供生动的展示平台。近年来，黎族传统纺染织绣技艺的国际影响力不断提升，2019年成为我国首个进入联合国教科文组织总部展览的非遗项目，充分展现着黎族纺染织绣技艺深厚的文化价值与艺术魅力。黎族文化在各类国际交流活动中亮相，如海南国际旅游岛少数民族生态文化节、亚洲文化嘉年华和中国—东盟博览会等，通过黎锦织造技艺、传统服饰、手工艺品的展示，诠释着黎族人与自然的和谐关系。黎锦还连续多年出现在博鳌亚洲论坛年会中，作为"国礼"赠予海内外嘉宾，让世界领略了黎族文化的独特韵味与精美工艺。2022年海南省五指山市举办的"锦·天界2022雨林精灵时装秀"中，设计师将黎族传统服饰与现代时尚相结合，通过创新演绎使黎族服饰文化焕发了新活力。2023年，黎族文化展示交流活动走进国际时尚之都意大利米兰，使黎锦等传统技艺在国际时尚领域得到了推广与认可。在文化交流活动中，黎族服饰展示不仅是静态展览，也包括互动体验环节，如织锦技艺演示、手工制作体验等，使参与者能亲身感受黎族的文化精髓。这种沉浸式互动拉近了不同文化之间的距离，加深了观众对黎族文化的理解与尊重。黎族服饰在国际时尚领域中的应用也展现着文化的融合与创新，通过将传统纹样与现代设计相结合，可以提升海南在全球时尚产业中的影响力。民族服饰与舞蹈、音乐相结合的多元展示方式，丰富了文化交流的内容，为各国观众提供了更丰富的文化体验。这些展示活动不仅可以促进海南与世界各地的文化互动，也彰显着中国对少数民族文化的保护与传承。在"一带一路"倡议推动下，黎族服饰文化成为促进国际文化交流的重要纽带，不仅增进了各民族间的友谊，还推动着文化的多样性发展与创新。黎族服饰文化展示在全球文化语境中探索了民族认同、文化多样性的路径，展现着民族传统与现代发展的有机融合。这些国际文化交流活动通过艺术展示、文化互动，使黎族传统技艺在国际社会中得

到了广泛的传播与认可，促进着不同文化间的理解与合作，也为推动中华文化走向世界提供了助力。黎族服饰在国际展览与博览会中的频繁亮相，不仅是对民族文化的弘扬，也是中国软实力建设、文化自信的重要体现。

三、黎族服饰国际化传播策略

黎族服饰的国际化传播需要从多个层面采取具体行动，以确保其在全球范围内的有效推广。第一，可依托海南自贸港、国际旅游岛的战略优势，整合旅游、文化资源，在景区、酒店内设立黎族文化展示中心与文化体验馆，组织游客参与织锦、刺绣等手工体验活动，以此提升文化传播的互动性。第二，积极与国际时尚平台合作，将黎族服饰元素融入现代时装设计，推动其在国际时装周、设计展、艺术博览会中的应用，例如可邀请知名设计师与黎族工匠联合创作作品，通过跨文化合作展示传统与时尚融合。第三，在数字传播方面，可制作多语种宣传片、纪录片、短视频，通过油管（YouTube）、照片墙（Instagram）、抖音国际版（TikTok）等全球社交媒体平台进行推广，也需定期组织直播活动，让海外观众更直观地了解中国传统黎族服饰文化。例如，可利用虚拟现实（VR）、增强现实（AR）技术，将黎锦织造技艺与服饰数字化重构，为用户提供沉浸式的体验。第四，相关文化部门可与全球博物馆和文化机构建立合作，策划常态化的黎族服饰主题展览，推动黎族服饰进入更多的国际文化博览会。例如，可通过文化交流基金的支持，资助海外高校开设黎族文化相关课程或举办工作坊，吸引国际学者与学生参与研究和学习。又如，可鼓励文化企业参与黎族服饰相关产品的研发，推出具有市场潜力的衍生品，如围巾、手袋、家居用品等，将黎族传统元素融入现代生活方式中。通过电商平台向全球消费者推广黎族文化产品，扩大黎族文化的国际市场份额。第五，可基于"一带一路"倡议加强与共建国家的文化交流，组织黎族服饰展演巡回活动，增进不同文化间的理解与合作。政府可提供政策支持与专项资金，推动文化企业、社会组织、教育机构共同参与国际化推广，为黎族服饰可持续传播提供保障。这些的策略实施可确保黎族服饰文化在国际舞台上获得更多认可，推动民族文化自信的提升，促进海南与世界各地的文化交流与合作。

第四章

黎族传统服饰文化与
地方社会生活

第一节

黎族传统服饰特征

一、黎族妇女服饰特征

（一）哈方言区妇女服饰特点

哈方言区黎族妇女服饰具有鲜明的地域特色与民族文化内涵，展现着独特的美学风格与实用性。哈方言区妇女日常穿着均为无纽对襟长袖衫，衣背正中通常有一条垂直的红线或白线，将衣背分为左右两部分。下身穿着筒裙，这种筒裙不像普通裙子有褶，而是呈现出一种自然的垂直线条感，简洁而富有韵律。她们在日常生活中喜欢佩戴耳环、项圈、手镯等饰品，展示出浓郁的民族风情与个人审美品位。哈方言区内部有多种自称（如罗活、抱由、抱曼、只贡、志强、抱怀、哈应、哈南罗等），不同自称的妇女在服饰上也存在一定的差异。在自称中，"罗活"妇女的服饰尤其值得一提，她们的服饰分为盛装与平常装两种。盛装十分华丽，一般为无领无纽的长袖开襟衫。上衣的前下摆较长，而后下摆较短，这种不对称设计增加了服饰的层次感。衣服前后沿绣有几何形花纹，背部中央通常绣有部落图腾，衣下沿装饰有铜钱、铃铛和绒穗等，增添了服饰的精美度、仪式感。下身的筒裙短至膝部，图案多为抽象化的动物或植物纹样，象征着黎族人与自然的和谐关系。平常装样式较为简单，花纹图案相对少，仅在衣沿或筒裙上绣几条细线，色彩多为黑色或深蓝色，简朴中透露出庄重。"抱由""抱曼"妇女的服饰在形式上与"罗活"妇女相似，但她们盛装被称为"女大礼服"，盛装对她们而言具有浓郁的象征意义，一生仅拥有一套。这种服饰象征着她们的社会身份与人生重要阶段的转变。"抱怀"妇女的服饰更为细致，根据不同场合可分为婚服、平常服、丧服等。上衣样式基本一致，但筒裙花纹、图案会根据场合进行变化。

婚礼筒裙为出嫁的女儿特别准备，图案丰富且象征喜庆，丧服筒裙则专为送丧或其他哀悼场合设计，区分性很强，在男性长辈丧礼上，筒裙花纹更为肃穆、简洁。"哈应"妇女服饰体现出了较强的仪式性。她们服饰分为平常装、盛装、丧服，平常装主要是黑色长袖对襟衫，配以宽大的筒裙，裙尾、头巾尾部通常绣有精美的图案，增添了日常穿着的装饰感。盛装主要在婚礼等重大场合穿戴，图案以人物为主，裙头多为几何形和人物、动植物纹样，裙身主要描绘婚礼中的礼仪场景，生动再现了迎娶、送新娘、送礼等过程，体现了黎族丰富的婚俗文化。丧服设计更为庄重，主要花纹为人形纹，色调上分为明、暗两种，用于不同哀悼阶段的仪式。哈方言区妇女服饰不仅在功能上能满足日常生活的需要，还通过不同场合的服饰变化展示着黎族丰富的文化传统与审美价值。无论是盛装的精美，还是日常装的简朴，每一件服饰背后都蕴含着深厚的文化内涵，反映出黎族妇女对自然、生活、仪式的深刻理解与表达。

（二）杞方言区妇女服饰特点

杞方言区黎族妇女服饰呈现出独特的传统美学与文化象征意义，设计既具实用性，又富有装饰性、象征性。杞方言区妇女上衣多为对襟圆领设计，简洁大方，展现出审美的朴实与典雅。她们也常穿长袖无领无纽的上衣，这种无纽设计赋予服饰一种流动感、舒适性，非常适合当地的气候特点。上衣装饰非常丰富，特别是在胸前，常用一排圆形银牌作为装饰，不仅美观，还具有象征意义，代表着妇女在家庭、族群中的地位身份。上衣前面饰有袋花，衣后的腰部位置则绣有腰花，显得更加精致考究，体现着黎族妇女在服饰细节上的讲究。

杞方言区妇女服饰的特点是在衣服的后中绣有长柱形花纹，被视为家族或族系的象征纹样，部分地区会称为"祖宗纹"。这种纹样不仅具有美学上的对称与和谐感，也承载着文化传承的意义，代表着家族延续与尊重传统理念。上衣背部的下摆、袖口也绣有精美的彩色图案，长袖的袖口一般以白布镶边，并间有两条红道，红白相间的设计让服饰更显层次感和精细的工艺，显示出当地女性精湛的刺绣技巧。下身筒裙也是杞方言区妇女服饰的亮点，筒裙一般长至膝盖，线条流畅，便于日常生活活动。筒裙图案种类繁多且富有变化，常以人形纹为主，这种人形纹会与黎族的祖先崇拜或部落图腾有关，象征着族群的历史传承与社会结构。筒裙的图案还包括动物纹、波浪纹、几何纹、植物纹等多种图案，尤其是动物纹和植物纹，体现了黎族人与自然的紧密联系和对自然万物的敬畏。筒裙制作工艺极为复杂，有的地方妇女还使用"牵"的刺绣技法在筒裙上勾勒出花纹的轮廓，使整个图案更加鲜明突出，富有立体感和色彩的对比效果，展现出华丽的视觉美感。这种"牵"绣技法不仅让筒裙的花纹显得更加鲜艳多彩，还极具装饰性、艺术性，使穿着者在人群中显得格外引人注目。色彩方面，杞方言区妇女筒裙多选用色彩斑斓的设计，色彩丰富且大胆，形成鲜明的对比效果，充满生机与活力，象征着她们对生活的热爱与对自然的崇拜。这些色彩、图案不仅增强了服饰的美观度，也体现着黎族妇女对手工艺的传承与创新。在盛装场合，杞方言区妇女会佩戴精美的饰品来进一步展示她们身份和地位。月形银制项圈是常见的首饰，具有独特的民族风情，她们也会佩戴有色珠串等饰品，这些饰品与她们华丽的服饰相得益彰，能够增强整体的装饰效果，展现浓郁的民族特色。盛装时配饰不仅是美的点缀，也是身份的象征，体现着女性在族群中的重要地位与家庭富裕程度。

总之，杞方言区妇女服饰在设计、装饰上独具匠心，体现着黎族传统文化中对美的追求和对族群身份的认同。无论是上衣的精美刺绣、后中的象征性图案，还是筒裙上的复杂花纹，都展现出黎族妇女对自然、社会、家庭的深刻理解与表达，同时也反映着她们精湛的手工技艺和对生活美学的独到见解。

（三）润方言区妇女服饰特点

润方言区黎族妇女服饰在历史文献中多有记载，展现着丰富的文化内涵与高度的工艺技巧。根据《太平寰宇记》记载，润方言区妇女以斑布为主要材料制作裙装，这种裙子形似袋子，被称为"都笼"，宽大舒适且便于穿着。妇女们也会穿着由斑布制作的上衣，形制简单而独特，方形布料中央开孔，直接从头部穿入，称为"思便"。服饰设计既简洁又实用，适合热带气候环境，体现着黎族人对自然环境的适应能力。在宋代时期，润方言区妇女偏爱穿着色彩鲜艳的服饰，展现出浓郁的民族特色。她们通常头缠厚重的黑巾，这种黑巾像一顶无顶宽边的黑帽，既遮阳又美观，发髻上还插有精美的人形刻花骨簪，增添了装饰效果、个人风采。润方言区妇女上衣为"思便"，这是一种无领黑色的贯头衣，从头部穿入，长袖无纽，衣服的领口呈现出"V"字形。这种设计显得干练且便于活动，也给穿着者带来独特的美感。服饰装饰也非常讲究，衣襟下沿及衣背下半部均绣有宽边横幅花纹，显得庄重而大气。衣背上的横幅花纹上方还绣有图腾标志，代表着黎族妇女与部落、祖先的深厚联系。这些图腾纹样在黎族的文化中具有重要的象征意义，与宗教信仰、部落身份相关。润方言区妇女服饰的衣下摆装饰尤为丰富，常见花纹包括贝纹、人形纹、龙纹、鹿纹、羊纹、黄猄纹、鱼纹、猪纹、鸡纹、鸟纹等。每一种图案都蕴含着独特的文化意义，象征着对自然界万物的崇敬和对生命的热爱。这些图案不仅为服饰增添了美感，还体现着黎族人与自然和谐相处的理念。

白沙黎族自治县的润方言区妇女擅长一种名为"双面绣"的刺绣技艺，这种工艺尤为出色，绣出的图案在服饰的正反面完全一致，精细而复杂。双面绣以高超的技巧和色彩丰富的设计闻名于世，展现着黎族妇女在纺织和刺绣方面的卓越才能。她们的双面绣图案绚丽多彩，富有民族特色，体现着黎族妇女对服饰美学的高度追求。

下身穿着筒裙也是润方言区妇女服饰的重要组成部分，短筒裙通常较短，甚至无法完全遮盖小腹，还被称为"超短裙"，显示出独特的时尚感。筒裙的花纹同样丰富多彩，主要图案包括人纹、蛙纹、龙纹、牛纹、鱼纹等，这些纹样不仅在视觉上富有冲击力，还反映着黎族妇女对自然界生灵的崇拜与敬畏。

在白沙黎族自治县，至今依然保留着润方言区妇女传统服饰风格。尽管现代化进程的影响逐渐深入，部分传统元素依旧在当地妇女的日常生活中发挥着重要作用。她们服饰依然充满着鲜艳的色彩，图案设计精美绝伦，彰显出独特的民族风格与文化底蕴。润方言区妇女通过她们的服饰，不仅传递出对美的追求，还表达着对传统文化的尊重和对自然世界的深刻理解。每一件上衣、每一条筒裙、每一个花纹，都凝聚了她们的智慧与创意，展示着黎族文化的悠久历史与独特魅力。

（四）美孚方言区妇女服饰特点

美孚方言区黎族妇女服饰呈现出浓厚地域与民族特色，既注重实用性，又兼具美学价值。美孚方言区妇女的日常头饰通常是黑白相间的头巾，简洁大方，既具有装饰性，又能有效遮阳，适应海南的气候条件。头巾的黑白色调不仅在视觉上形成强烈的对比，也体现着美孚妇女服饰中简约与精致并存的特质。

美孚妇女上衣主要为黑色、深蓝色开襟设计，显示出稳重与典雅的风格。衣领部分绣有长方形彩色边饰，给整体深色调衣服增添了活力、层次感。这种彩边使用鲜艳的色彩，如红、黄、蓝等，与深色上衣形成对比，使服装显得更加精致。上衣的设计在衣领背后常搭配一块方形布料，不仅起到装饰作用，还可增加服装的层次感与厚重感。上衣两侧缝口和袖口部分以白色布条镶边，可增加整件服饰的精致感和视觉对比，使衣物看起来更加考究、协调。下身筒裙是美孚妇女服饰中最具特色的部分。筒裙长至脚踝，宽大舒适，线条自然流畅，既方便日常活动，也显示出黎族女性的典雅气质。筒裙的织法、图案尤为讲究，一般使用彩色线织成，色彩鲜明，图案复杂。美孚方言区扎染技艺在筒裙中得到了广泛应用，老年妇女所穿的筒裙以黑白两色为主，通过扎染技法形成富有层次感的色晕，黑白色调的交替运用，营造出一种自然过渡的视觉效果。这种无等级层次的色晕既简单又充满美感，体现出老年妇女的庄重与优雅。青年妇女筒裙更加丰富多彩，筒裙上的花纹多采用各种颜色的棉线织成，图案形式多样，常见几何纹图案赋予服饰现代感、艺术性。除了几何纹，筒裙上还有人物、鸟类、鱼类、虫类等纹样，这些图案不仅可以丰富服装的视觉层次，还反映着黎族妇女对自然界万物的观察与敬畏。人物纹、鸟纹等寓意丰富，展现着黎族人民对生命和自然深刻理解。与青年妇女相比，女童的筒裙设计更加童趣，图案采用扎染法制成，颜色鲜艳活泼，既体现着传统手工艺的传承，又融入了儿童服饰的轻快与生动。盛装场合时，美孚妇女会佩戴精美的银饰，进一步提升服饰的华丽感。常见银饰包括项链、手镯、戒指，这些饰品通常由手工打造，装饰细腻，富有民族韵味。银饰不仅是美的点缀，也是身份、地位的象征，反映出妇女在社群中的重要角色。银饰的精美与筒裙华丽的彩色图案相呼应，整体服饰呈现出庄重与华丽并存的效果，在婚礼等重要场合，美孚妇女通过服饰、配饰展示她们的社会地位、个人风采。总的来说，美孚方言区妇女服饰不仅体现着黎族手工艺的高超技艺，还承载着深厚的文化内涵与历史积淀。无论是简洁大方的日常装束，还是华丽精致的盛装，都反映着黎族妇女对自然、生命、社会的理解与尊重。通过复杂的图案、色彩的运用及精美的装饰，这些服饰不仅是生活中的必需品，也是文化的象征与艺术的体现。

（五）赛方言区妇女服饰特点

赛方言区黎族妇女服饰展现着简约、优雅、细致的传统美学，兼具实用性与文化象征意义。赛方言区妇女头饰通常为简洁的无纹黑色头巾，这种设计不仅便于日常佩戴，也在某种程度上代表着当地妇女对传统朴素审美追求。黑色头巾没有复杂的装饰，却能与整体服饰形成和谐的搭配，凸显沉稳与质朴的气质。妇女上衣采用浅蓝色右衽高领设计，这种右衽大衣襟的样式具有显著传统特色。上衣向右开襟，搭配布制纽扣，整体造型简洁大方且实用，既便于穿脱，又能在日常生活中提供适当的保护。高领设计增添一分端庄感，与其简单款式相得益彰，展现出黎族妇女端庄典雅的一面。浅蓝色的选择不仅带来了清新视觉效果，也在黎族的传统文化中象征着对自然的敬仰与和谐。赛方言妇女下装是宽大的筒裙，筒裙设计复杂且精致，通常长及小腿，既能提供活动的自由度，又显得高贵大方。筒裙由四部分组成：裙头、裙身带、裙身、裙尾，每一部分都有其独特的设计功能，既增加了服饰的层次感，也体现了赛方言妇女在服装制作上的细致考量。裙身主要颜色多为黑色或是横向的细条纹设计，简洁而不失优雅，符合赛方言妇女对于稳重、端庄审美取向。最具特色的是筒裙的裙尾部分，往往绣有复杂的花纹。主要纹样通常包括人形纹、蛙纹、植物纹等，这些图案不仅是美学上的装饰，更反映着黎族妇女与自然的密切关系。蛙纹象征着生命的繁衍与自然的丰收，植物纹则体现着她们对自然环境的依赖与崇敬。这些图案通过精细的刺绣工艺展现在筒裙上，使得裙尾部分显得尤为华丽。一些筒裙花纹中甚至嵌有云母片，阳光下闪闪发光，增添了服饰的装饰性、视觉效果，这种精致设计不仅使服装更加引人注目，也彰显着女性在盛装场合中的重要身份。在盛装场合，赛方言妇女会佩戴各种精美的银饰，以提升整体装扮的华丽感。月形项链是常见的首饰，形状优雅，象征着女性的圆满柔和。她们还会佩戴手镯、耳环、发簪、发钗等，这些饰品大多由银制成，手工精细，展现出当地独特工艺传统。这些银饰不仅是美的象征，还是身份与地位的体现，反映出佩戴者在家族、社区中的重要角色。赛方言区妇女的服饰在设计上虽然简约，却充满着文化的厚重感、细节的考究。无论是简洁的头巾、优雅的高领右衽上衣，还是充满民族特色的宽筒裙、银饰，都展现出黎族妇女在日常生活与仪式场合中的自信与美丽。每一件服饰背后都蕴含着丰富的文化符号、传统工艺，既传承着黎族悠久的历史，也体现着她们对自然和社会的深刻理解与表达。

二、黎族男性服饰特征

黎族男性传统服饰历史悠久，在黎族口头传说、文献记载中，"服饰"概念早已深植于黎族社会生活中。在一些黎族传说中，提到黎族先民已经有了"上体穿麻衣，下体掩以麻布"的服饰习惯，表明黎族自古以来就有关于服饰的初步观念。文献中对黎族服饰的记载也不少，《尚书·禹贡》中提到"岛夷卉服，厥篚织贝"，意指黎族先民早期服饰中的斑斓色彩和织贝材料。《汉书·地理志》记载了黎族人在汉武帝时期的服饰风貌，明确指出"武帝元封元年，略以为儋耳、珠崖郡，民皆服布如单被"，说明黎族先民在西汉时期已经掌握了纺织技术，开始使用棉布制作衣物。黎族男性服饰的演变有着漫长的历史过程。早在新石器时代，黎族先民就使用兽皮、植物纤维制作衣物。随着社会生产力的发展，黎族逐渐过渡到使用棉花作为主要的衣料。到汉代，黎族社会已经出现了较为复杂的纺织技术，能制造出较为精细的布料和衣物。《汉书·地理志》的记载表明，儋耳、珠崖郡的黎族先民穿着类似于单被式的衣物，这种贯头式服装没有男女之分，男性、女性都穿着类似的上衣和下裙，衣物自头顶贯下，形成较为统一的穿衣方式。黎族男女服饰分化大约始于西汉时期，黎族社会第一次受到中原文化影响，也是黎族社会生产力、生产方式发生变革的时期。西汉时期，黎族社会进入母系氏族繁荣期，随着社会生产力的发展，黎族的生产方式逐渐从单一的采摘、渔猎转变为更加复杂的农业经济。整个过程中，男女之间的劳动分工逐渐形成，男性主要从事耕作、开荒、犁田等体力劳动，女性则负责弹棉花、纺线、编织等技术含量较高的工作。这种生产方式变化直接影响着黎族服饰分化，男性服饰逐渐向简单、宽松、便于劳动方向发展，以适应农业劳动需要，女性服饰则注重精细、便利。文献中对黎族男性传统服饰的具体描述也较为丰富。《后汉书》记载，黎族男子常穿贯头式衣物，衣物简单且无袖，直接从头顶贯下；《琼海方舆志》指出黎族男子的衣物由前后两幅布料组成，类似围裙设计，长不过一尺（33.33厘米），无法完全遮住膝盖，双腿裸露。《天下郡国利病书》记载，黎族男子的短衫被称为"黎桶"，简单而宽松，腰前后仅两幅布料，仍无法完全遮盖双腿。

随着历史演进，在近现代，黎族男子传统服饰发生明显的变化。受汉族文化的影响，黎族男子逐渐放弃了传统服饰，转向穿着汉族服饰。传统服饰逐渐失去在日常生活中的实用性，仅在宗教活动、节日庆典等特殊场合下被使用。传统服饰的逐渐衰退反映着黎族社会现代化进程中的文化变迁，也提示着保存、复兴黎族传统文化的必要性。

（一）哈方言区男性服饰特点

哈方言区服饰呈现出多样性、区域差异。根据发音、语调、习俗的不同，哈方言内部可分为"博（本义哈）""罗活""只贡""抱怀""抱由""志强""抱曼"等群体。这些分支在服饰方面虽有共性，但各自的穿着特点也表现出一定的差异。首先，罗活、只贡、抱由、抱曼和志强群体主要居住在昌化江流域的两岸，他们服饰风格较为统一。上装为无领、开胸式设计，衣背带有垂丝絮装饰，没有纽扣，穿着时通过绳索将衣物系紧。下装为三角形的小短布，没有布头，俗称"包卵布"，颜色以浅黄色和灰白色为主，整体风格简约但富有民族特色。

博（本义哈）群体的服饰主要分布在三亚、乐东、陵水、东方等市县，由于人口众多、居住范围广泛，虽然名字复杂，但语言、文化特征基本一致，因此男性服饰也没有太大的差异。上装为无领长袖，右襟开口，有些地区服装上会配有铜制或木制纽扣，形成一定装饰效果。下装为三角形小短布，在部分地区，男子还会穿着阔大的白布，俗称"大白"。博群体男性的下装具有前部宽阔而后部狭窄的特点，形成了标志性的服饰风格。头部装束方面，男子通常将脑后的头发扎成一条辫子，盘绕于头顶，并用织花带将其捆紧，这种装束被认为是清朝时期男子发型的遗留。

抱怀群体服饰明显受到汉族文化影响。抱怀群体大多居住在五指山外围地区，部分与汉族杂居，因此服饰中融入了部分汉族元素。男子上装为开胸短袖式，袖长齐肘，没有纽扣，衣背同样装饰有垂丝絮，穿着时以麻绳或一条宽幅布带系于腰间。下装为"丁"字形小短布，俗称"包卵石"，这种短布的图案较少，颜色以黄白色为主。头饰方面，男子在前额处扎成大髻，插上铜制或骨制发簪，有时还会包上黑红相间的头帕，体现着汉族文化的影响。

总体来说，哈方言区黎族男性服饰虽然在不同群体间存在一定的差异，但整体风格都表现出黎族服饰的简洁、实用、装饰并重的特征。服饰设计既适应海南岛的气候、生活环境，也反映着黎族文化的丰富多样性。各个分支服饰不仅在色彩、装饰、款式上具有鲜明的民族特征，还展现出不同文化交融的痕迹。这些服饰在历史的长河中逐渐演变，既保留了黎族传统文化的特色，也融入了时代的变化与外来文化的影响。

（二）杞方言区男性服饰特点

杞方言区黎族男性服饰展现着简洁、实用的设计风格，反映了当地独特的地理环境与文化背景。杞方言区主要分布在五指山周边，包括通什（今隶属于五指山市）、琼中和保亭等市县。这些地区气候湿热，山地较多，因此黎族男性传统服饰主要追求轻便与实用性，以适应日常劳动和生活的需要。杞方言区男性上装通常为对襟式设计，短袖无领且没有纽扣。对襟式的上衣设计简洁大方，便于穿脱，也符合海南岛湿热气候的实际需求。无领、无纽扣设计体现着黎族服饰在历史演变中的实用性特点，适合劳作与日常活动。下装设计则具有诸多传统特色。杞方言区男性下装一般由前后各一块布组成，布料长及膝，俗称"吊裙"。这种吊裙设计简单且便于活动，适合在山地劳作和日常生活中的多样需求。吊裙设计不仅在功能上体现着劳动的便捷性，还具有较强的视觉辨识度，彰显着黎族男性特有的服饰风格。吊裙长度、质地适中，既能遮挡部分身体，又能确保自由行动，在山地环境中十分实用。头饰也是杞方言区男性服饰中的重要元素。男性通常会在前额结一个小髻，并用宽大的红布包裹，形成长方形的包头。头饰不仅具有实用性，还具有装饰功能，红色在黎族文化中常象征着力量、生命力。这种包头方式突显了杞方言区男性的黎族传统身份和民族文化归属感。

（三）润方言区男性服饰特点

润方言区黎族男性服饰主要分布于儋州、白沙等市县，展现着独特的民族风格。润方言区男子上装通常为开胸式设计，长袖并带有衣领，整体造型简洁而实用。上衣的前襟还配有铜制纽扣，增添了服装的装饰性和实用性。胸前的大口袋是该服饰的显著特点，既方便日常携带物品，也能为服饰增添功能性。下装为三角形小短布，设计极为简洁，仅能遮盖敏感部位，但布头较长，翻褶后自然垂落，该设计为润方言区的男性服饰增添了独特的美感。短布下垂部分带有丝领，这不仅是服饰的功能性元素，也在视觉上增加了层次感，使其在众多黎族服饰中显得别具一格。润方言区的男性头饰设计独特，在婚前婚后的变化中展现出明显的文化仪式感。婚前，男性会在头顶结髻，并用红丝线包扎紧实，然后插上骨制发簪。有些男性还在发髻后插上梳子，从而增强头饰的装饰性。婚后，男性头帕装束更为复杂，通常由两条组成，红色宽大的头帕包在里面，黑色较窄的头帕包在外面，以蓝色花纹的缠带系紧，形成了红黑相衬的美观效果，展现了黎族男性头饰的精致。

（四）赛方言区男性服饰特点

赛方言区黎族男性上装通常为开胸式设计，整体简洁而没有复杂装饰，且无领设计使其更适合热带气候。与其他方言区不同，赛方言区男性上装背部没有垂絮装饰，这种设计更加轻便，符合劳动需求，也反映出当地文化中对功能性服饰的偏好。下装部分则是赛方言区服饰的独特之处，男性下装为前后各一块对开的布，俗称"吊裙"。这种设计简单而便于活动，吊裙长度通常不及膝盖，既方便在日常劳作中保持灵活性，又能在热带气候中保持凉爽舒适。吊裙布料上还织有黑色花纹，增加了装饰性，使得这件简洁的服饰在视觉上不显单调。这些花纹在黎族文化中通常具有象征意义，与自然崇拜、部落身份有关。

（五）美孚方言区男性服饰特点

美孚方言区黎族男性上装为开胸式设计，对襟无领且没有纽扣，这种简洁的设计在海南的热带季风海洋性气候下具有极大的舒适性和通风效果。美孚方言区的男女上装可互换穿着，几乎没有差异，这是美孚方言区男性服饰的关键特征，体现着该区域在服饰上的性别平等观念。在装饰方面，美孚方言区男性服饰领际部位常缀有两块长方形红布，红色象征着生命力，该装饰不仅为服饰增添了色彩，还体现着其文化符号的独特性。背部则缀有一块方形黑布，黑色与红色形成对比，营造出简约而庄重的视觉效果，同时也赋予了服饰一定的装饰性和层次感。美孚方言区男子的下装通常为左右两块相掩的黑色吊裙，裙边绣有花纹，整体风格简洁大方。吊裙的颜色多为黑色或蓝色，既适合日常劳动，也适应当地的自然环境。美孚方言区的吊裙与杞方言区的吊裙有所不同，前者为左右两块布对开设计，后者则为前后对开，这种差异反映着各方言区在服饰设计上的地域性差异。

第二节

黎族传统服饰与宗教信仰、审美取向和人生观的关系

　　黎族传统服饰与宗教信仰、审美取向和人生观的关系密切，反映着黎族社会的深厚文化内涵和精神追求。黎族人民居住在海南省不同区域，由于地理环境、历史发展影响，服饰文化丰富多彩。黎族服饰不仅体现着实用功能，还承载着丰富的象征意义、精神价值。黎族纺织工艺可追溯至春秋战国时期，黎族妇女早已掌握了棉纺织技术，在纺织品上融入了她们对自然的观察，服饰的图案、色彩及样式，成为表达宗教信仰和生活态度的重要载体。

　　宗教信仰在黎族服饰中占有重要地位。黎族龙被就是其中的代表之一。龙被不仅是黎族纺织技术的结晶，也是宗教活动的重要器物。龙被被用于祭祖等重要的仪式活动，这些活动不仅是黎族文化的重要环节，也反映着黎族人对自然、祖先的敬畏与崇拜。黎族妇女在龙被的制作中，借助她们对生活的观察，将宗教信仰中的神灵、自然现象、动物等形象融入其中，赋予服饰更深层次的精神象征。

　　黎族服饰在审美取向上也体现着对色彩、纹样的敏锐感知。黎族人注重服饰的色彩搭配，在婚礼、寿诞等喜庆场合，常用明亮的红色、深蓝色等来表达对美好生活的追求与对幸福的渴望。黎族妇女通过织锦技艺，将花卉、飞鸟等自然景象绣入衣物中，反映着她们追求自然之美的审美取向。这种审美不仅限于外在的美感，还体现着黎族人对生活、自然的热爱与尊重。

　　在人生观层面，黎族服饰中的图案与款式传递着对生活的理解。黎族服饰从古至今，一直是社会身份地位的象征，不同服饰款式代表着不同的社会角色与人生阶段。例如，黎族女子的服饰款式与她们的婚姻状况、生活环境密切相关，沿海地区的黎族妇女穿着长筒裙，山区的妇女则多穿中短筒裙，

反映着地理环境对生活方式的影响。黎族人通过服饰来表达他们对生活、自然、自我价值的认知，这种文化内涵使黎族服饰不只是生活中的必需品，也成为传递人生观念的文化符号。

黎族传统服饰不仅是物质文化的体现，也是黎族人民宗教信仰、审美追求和人生观的真实反映。传统服饰中的图案、色彩和形式，既表达着黎族人对自然和社会的理解，也展示了他们在面对人生重大时刻时的态度与选择。这种服饰文化，历经千年演变，逐渐发展为黎族人民身份认同的象征。

第三节

llllllllllllllllllllllllllllllllllllll

黎族传统服饰文化的社会功能表现

一、社会身份与地位的标志

黎族传统服饰作为一种社会身份与地位的标志，在族群内部具有深刻的文化象征意义。服饰不仅展示着佩戴者的社会地位、经济状况、婚姻状况，还反映着族群的内部等级与家庭结构。黎族服饰通过色彩、材质、纹饰、配件的差异，清晰地传达出佩戴者的身份特征。例如在黎族社会中，首领等拥有特殊身份的人群，服饰通常比普通族人更加复杂、华丽，以奢华的刺绣、珍贵的饰品及繁复的花纹彰显其在族群中的尊贵地位。首领服饰多为独特的样式，使用红、黑、金等象征权威与富贵的颜色，并配有铜饰、银饰、珠饰，强调其身份的独特性和权威性。妇女在婚礼、庆典等仪式场合的盛装，会加入带有象征意义的纹样和色彩，以表现其婚姻状况与家族的财富；老年人偏爱稳重的黑、褐等色系，以示尊严、睿智。在婚丧礼仪等特定场合，服饰的款式、颜色选择严格遵循族内规范，以体现不同家庭成员在家族和社会中的角色、身份。通过对不同服饰的区分，黎族传统服饰赋予穿着者无声的身份宣告，使其在群体中得以被辨识。这种社会功能不仅维系着黎族内部的文化认同，也强化了族群成员对自身社会角色的认同感。

二、婚礼与丧礼中的服饰功能

在黎族文化中，婚礼与丧礼中的服饰不仅承载着美学价值，也具有礼仪功能，是传达族群信仰与社会价值观的关键载体。在婚礼中，新娘服饰的色彩、款式、饰品的选择象征着祝福与对新生活的向往。新娘盛装以红色为主调，红色在黎族文化中象征吉祥、喜庆与驱邪，头饰、项圈等金属配饰可增强服饰的华丽感与仪式感。伴娘为新娘遮面、家族长者为新人加持等仪式性的服饰搭配也象征着对新人的祝福与保护，反映出家族在婚礼中的参与角色。在丧礼中，服饰颜色、样式会严格遵循着族内的礼仪规范，从而表达对逝者的尊重。亲属会穿戴以黑色、黄色麻衣为主的丧服，以黑色象征哀悼与庄重。部分地区长辈还会在头上披黑纱，增添肃穆气氛。婚丧礼中服饰通过精心设计和严格的礼仪规范，不仅是家族对新人或逝者深厚情感的表达，也是强化族群文化认同与社会价值的重要方式。

三、社区团结与文化认同

黎族传统服饰在社区团结与文化认同方面发挥着关键社会功能，逐渐成了维系族群凝聚力、共同文化意识的象征。作为族群成员的共同文化符号，黎族服饰通过独特的图案、色彩、款式构建了族群的集体身份，从而增强了个体对自身文化的归属感。在日常生活与社区活动中，服饰不仅是生活的必需品，更成了传达族群文化内涵与传统价值观的载体。在宗教仪式、节庆活动、婚丧礼仪等场合，成员穿戴传统服饰参与集体仪式，标志着个体对族群规范的遵循与尊重，集体性的服饰展示不仅增强了成员间的情感联结，也在视觉上强化了群体的文化边界。在特定节庆、仪式活动中，如丰收祭祀、祈雨仪式、成年礼等，黎族男女都会穿戴盛装，展现对手工纺织技艺、服饰文化的传承，以增强共同的文化认同感。在族群内部，不同家族、社区的服饰在细节上存在诸多差异，但在整体风格、审美追求上具有高度一致性，这种差异中的共性正是族群内部分工、身份认同的象征，彰显着黎族社会在多样性与统一性之间的文化平衡。黎族服饰在跨族群交流中也发挥着身份标识与增强文化自豪感的作用。通过传统服饰展示，黎族成员能向外界传达独特的文化传统、价值体系，以此来增强外界对黎族文化的认知与尊重。现代化进程虽然改变着部分黎族的生活方式，但在重要仪式、旅游文化推广中，黎族传统服饰依然是社区认同的核心内容，内在的文化精神也通过不断创新与传承得以延续。通过传统服饰集体展示参与，社区成员不仅加深了彼此间的情感纽带，也巩固了族群的文化认同，确保了黎族文化在时代变迁中仍具持久的生命力。

四、服饰在传统活动中的应用

黎族服饰在传统活动中的应用不仅体现着文化传承的丰富内涵，也在多种仪式和节庆中发挥着重要的象征性、功能性。在各类传统节庆、祭祀活动、宗教仪式中，黎族男女都会根据活动性质选择相应的服饰，以表达对自然、祖先、神灵的敬畏之情，强化社区成员的集体归属感。在黎族重要活动中，参与者会身着盛装，服饰上装饰的图腾、几何纹样、动植物纹不仅具有美学价值，还承载着象征意义，体现人与自然和谐共生的理念。在成年礼等仪式中，服饰也承载着身份转变的象征，新成人会穿戴具有独特纹样的服饰，标志着其社会角色变化与责任的承担。婚礼等喜庆活动以红色为主色调，通过精美的刺绣、华丽的配饰展现婚姻的美好与家族的繁荣。在祭祖仪式中，服饰选择与佩戴具有严格的规范，以图案、色彩区分不同辈分和家庭成员之间的关系，传递对祖先的敬仰与家族传承的重视。黎族服饰在传统活动中的应用不仅限于形式上的展示，也是通过精心设计的服饰体系表达着黎族人对生活文化的理解，将个人、家族、社会紧密联系在一起。这些服饰使用不仅丰富了传统活动的仪式感，也通过代代相传的技艺与风格确保了黎族文化在现代社会中的持续发展。

第五章

黎族服饰与现代设计

第一节

黎族服饰在现代时尚中的应用

一、图案设计

（一）传统图腾的当代演绎

传统图腾的当代演绎在黎族服饰的现代时尚应用中扮演着重要角色，通过对黎族传统图腾符号的重新诠释与设计，设计师可将民族文化与现代艺术巧妙结合，使黎族服饰在保持文化根基的同时焕发出新的活力。黎族传统图腾，如蛙纹、龙纹、鹿纹、鸟纹等，不仅承载黎族人民对自然万物的崇敬与对生命的理解，还蕴含着族群的历史记忆与文化信仰。在现代时尚设计中，图腾符号经过抽象化处理，可突破原有的形式束缚，以简约而不失内涵的方式融入服饰设计。设计师可采用几何化、线条化的表现手法，将黎族图腾与当代图案语言相结合，使其具有更高的审美适应性与市场接受度。例如，蛙纹经过简化后，被重复几何图形呈现在织物上，成为独特的纹样，既符合现代简约风格，又传递着传统生命崇拜观念。设计师还可将图腾与国际流行趋势相融合，通过色彩的更新、材质的变化、工艺的改良，使黎族图腾在现代服饰上焕发新生机。如图5-1所示，《鹿回头》作品通过将黎族传统鹿纹图腾融入现代服饰设计中，展现着传统文化与时尚的巧妙结合。设计师以黎族经典鹿纹为基础，采用几何化、线条化的表现手法，将其抽象化处理，赋予传统图案全新当代视觉美感。服饰整体以蓝、红为主色调，典雅而现代，鹿纹图案点缀于衣袖、腰带等细节处，凸显民族特色，可增强整体设计层次感与文化深度。图案局部刺绣细腻精致，呼应着黎族手工艺传统，体现自然神话传说意境之美。该设计既保留了黎族图腾文化内涵，又符合当代时尚简约审美，成为传递民族故事的时尚符号。

图5-1 琼台师范学院2017级苏晓萍作品《鹿回头》

在高级成衣、时尚品牌的跨界合作中，黎族图腾纹样被赋予了广泛的应用场景，如外套、围巾、手袋等，不仅可丰富产品的文化内涵，还可增强品牌的故事性和独特性。通过文化与时尚的对话，传统图腾符号不再局限于特定的民族语境，而成为具有全球共鸣的艺术符号。图腾在当代服饰中的演绎也注重环保与可持续发展理念，通过使用天然染料、可回收材料，使图案表达更具生态意识。传统与现代相结合的图腾设计，不仅可推动黎族文化的传承与创新，也赋予了现代时尚更多的文化深度、情感温度，为全球时尚市场注入了新鲜的东方民族元素，从而增强了中华文化的国际影响力。

（二）几何与自然元素的融合应用

几何与自然元素的融合应用在黎族服饰的现代时尚中成了设计新趋势，既能保留传统文化的核心元素，又能满足当代时尚的审美需求。黎族服饰中的几何纹样、自然符号分别承载了深厚的文化意涵与自然崇拜观念，服饰纹样多见于黎锦、刺绣、传统服饰中，如梯形、菱形等几何图案象征天地、族群、宗教信仰，而花卉、鸟兽等自然图案表达着黎族人与自然万物的和谐关系。在现代设计中，几何与自然元素的融合赋予了服饰更多的艺术表现力，使传统符号突破原有的文化边界，从而满足国际时尚语境中的多样化审美需求。设计师通过将复杂的几何纹样与自然元素进行重组，从而呈现出既有民族特色又具现代感的图案表达。例如，黎族传统植物纹样经过简化后，与几何线条结合，形成既有节奏感又富有层次的装饰效果。这种设计既能保留图案的民族特色，又可避免传统纹样在现代应用中产生的繁复感，使服饰更加符合当代消费者的审美标准。自然元素的应用不再局限于对自然物象的写实描绘，而采用抽象化的处理手法，以几何形态表达花卉、树叶、动物的轮廓，使图案更加灵活且具有多重解读的可能性。同时，几何与自然元素的融合不仅体现在纹样设计上，还体现在服饰的整体造型中，通过廓型设计与图案的呼应，可使服饰的结构感与图案的艺术感相得益彰。几何与自然元素的结合不仅可赋予服饰文化深度与艺术魅力，使黎族的传统符号与国际时尚趋势接轨，推动民族服饰的现代化、国际化。设计师需注重文化内涵与市场需求的平衡，在尊重传统符号象征意义的基础上，通过现代设计语言赋予新生命力，确保传统元素能在多元文化的语境中被接受。通过几何与自然元素的融合应用，黎族服饰不仅可成为现代时尚中的重要设计灵感来源，也可为民族文化的创新发展与全球传播开辟新路径。

（三）图案符号简化与抽象化处理

图案符号简化与抽象化处理是黎族服饰与现代设计融合中的关键步骤，通过具体的设计方法与工艺调整，可使黎族服饰传统图案符号更适应现代时尚需求，提升其在多元文化中的传播力。首先，设计师在符号简化时会优先提取传统图案的核心元素与代表性形态，将冗杂的细节进行剔除。例如，在黎族常见的蛙纹、鸟纹等符号中，只保留关键的轮廓、基本结构，使图案以简洁的几何形式呈现。提取与精炼的过程不仅可减少符号的视觉复杂性，还可使其具有更高的适应性，能应用于不同面料、服装款式中。其次，在抽象化处理上，设计师可将具体的自然元素转化为概念性的图形，通过线条的分割与重组，使符号更具艺术表现力。例如，将鸟类图案的羽翼结构用曲线或直线表现，从而增强符号的几何感，保持符号的文化记忆。在处理实践中，设计师需注重符号形态的开放性，使其不仅适用于传统服饰的装饰，还能用于现代时装、配饰、家居产品的设计中。抽象化的处理允许设计师通过不同的色彩组合与材质搭配，以此增强符号的艺术层次感。再次，设计师需对符号的排列、排版方式进行创新。传统黎族图案多采用对称排列的形式，在现代设计中，设计师可运用不对称构图或动态排列的方式，使符号表现更具现代感、灵活性。例如，设计师可将符号以不规则的方式分布于裙摆或袖口，营造出富有节奏感的视觉效果，以此打破传统排列的固有限制。这样的创新排列使符号在保持民族特色的同时，贴合现代审美趋势。最后，在商业应用中，设计师可将经过简化与抽象化处理的符号融入品牌的视觉体系与产品线中。例如，将符号设计为品牌的标志性元素或限量款产品的图案，使消费者通过符号的独特性识别品牌的文化定位。例如，通过跨界合作与联名设计，这些符号能出现在国际时装周、奢侈品牌或运动品牌的产品中，从而提升黎族文化的国际认知度。通过符号的简化与抽象化处理，不仅能优化符号的美学表达，还能使黎族传统文化在现代市场中焕发出新活力。

（四）图案在不同服饰品类中的延展

图案在不同服饰品类中的延展需通过一系列系统化的设计策略与技术手段，使黎族传统符号适应多样化的服饰应用场景，实现文化价值与市场需求的双重结合。首先，根据服饰品类的功能特点、市场定位，设计师可选择适合的图案与符号元素进行适应性调整。例如，在正式服装中，如礼服或高端成衣，设计师可选用较为简约、抽象的图腾符号，如几何形状、简化的植物纹等，通过刺绣、提花等工艺，将其融入服饰的局部装饰，如领口、袖口、裙摆等。这种处理既可保留黎族文化的特色，又符合高端时尚产品的精致与优雅需求。其次，在运动服饰和休闲服饰中，图案设计更注重动感与视觉冲击力。设计师可采用大面积印花或局部拼接的方式，将传统符号的动态感与现代运动元素相结合。例如，将抽象化的蛙纹、波浪纹等连续排列在运动夹克或运动裤上，以此来增强服饰的视觉层次感与节奏感。为提高图案的实用性、耐用性，在制作工艺上会采用热转印或数码印花技术，不仅可保证图案的清晰度与色彩表现力，还符合运动服饰对轻便性、舒适性的要求。在配饰设计中，图案延展体现在小面积的细节装饰上，如围巾、帽子、手袋等。设计师会将传统符号以重复图案或对称构图的方式应用在配饰表面，使其成为产品的核心装饰元素。例如，在手袋设计中，可采用黎锦中的抽象植物纹作为包面提花设计，不仅可赋予产品独特的文化内涵，还能增强产品的市场识别度。在围巾设计中，设计师可通过刺绣或扎染技艺，将黎族图案与柔软面料相结合，使产品兼具装饰性与实用性。在家居服饰、睡衣类服饰中，图案应用需注重舒适感与柔和性。设计师可选择简洁的几何纹样或小型花卉符号，运用柔和的色彩进行图案布局，并与棉、丝绸等舒适面料相搭配，确保服饰既有视觉上的美感，又符合日常穿着的舒适性需求。通过使用环保染料、可持续面料。最后，图案在童装中的延展需注重趣味性表达。黎族服饰常采用高亮度和低亮度的互补色及对比色搭配，黑色或普兰色底布与大红、朱红、橘红、玫瑰红、柠檬黄、草绿、湖蓝、紫罗兰、白色等色彩相互搭配，这样搭配具有较高的审美度，赋予服饰清新和活泼的感觉（图5-2）。

作品名称《黎乡忆》 作者：王文静

设计说明 初见黎乡之时，蔚蓝色的天空、洁瀚的大海仿佛一直在等我归来，让我见证了属于它的成长之路。设计童装寓意着海南目前正是一个快速成长的孩童，服装整体色彩应用了海洋与天空的颜色，面料与图案借鉴于黎族织锦。

图5-2　琼台师范学院2017级艺术设计学专业王文静作品《黎乡忆》

这类设计不仅可丰富童装的文化内涵，还能增强文化符号的亲和力，使黎族图案能通过童装在年轻一代中得到传承与推广。通过在不同服饰品类中的延展，黎族图案符号获得广泛的应用场景与表达形式。设计师根据不同品类的特性灵活调整图案的形式与工艺，使传统符号在礼服、运动装、配饰、家居服、童装等多样化产品中都能实现恰当的表达。这不仅能推动黎族服饰文化在当代市场中的创新发展，还可提升民族符号在全球市场中的认知度与影响力。

二、色彩运用

（一）传统色彩的现代搭配方式

传统色彩的现代搭配方式在黎族服饰与时尚设计的融合中起着关键作用，设计师通过创新的配色手法，使传统色彩符号在当代服饰中焕发出新生命力。黎族传统服饰以红、蓝、黑、白等色为主，这些颜色不仅具有美学价值，还承载着独特的文化象征。在现代搭配中，设计师可通过多种形式的配色组合，将传统色彩融入礼服、日常服饰、配饰设计中，以此来兼顾黎族传统服饰文化的传承与时尚的表达。首先，渐变色、分区配色是常用的现代设计方式。设计师可通过渐变色将红色、蓝色等传统颜色从深至浅逐渐过渡，使色彩层次更加丰富，以此来打破传统服饰中单一色块的表现形式。例如，在高端成衣、礼服设计中，红色与粉色的渐变搭配，既保留了传统红色的吉祥象征，又赋予了服饰浪漫和柔和的质感。分区配色可将不同色块区域明确区分，如图5-3所示，该作品通过分区配色方式，将黎族传统色彩融入现代服饰设计中。每套服饰均运用对比色块搭配，使整体设计层次分明，充满现代感。第一套以黄色为主调，搭配蓝、绿色点缀，展现柔和与明快的结合；第二套运用黎族纹样对称图案突出结构感；第三套结合刺绣突显传统手工艺，融入金色线条增强华丽感。作品既延续了黎族传统色彩文化，又通过现代化配色手法赋予服饰全新生命力，传递出传承与创新兼具的时尚理念。

其次，色彩的拼接是重要的搭配手法，应用于配饰设计中。设计师可将红、黑、白等色以对比拼接的形式用于鞋履、包袋、围巾等产品，使其既具有民族

图5-3 琼台师范学院2020级崔俊作品《五指山的故事》

特色又符合现代审美。拼接方式不仅可增强服饰的层次感，还能通过对比色的使用提高视觉吸引力。例如，在包袋设计中，红色、黑色的拼接既传递着黎族文化的热烈与庄重，又符合时尚市场对简约风格的偏好。色彩叠加与透明材质的结合也是创新的搭配方式。设计师通过在轻薄面料上叠加多层色彩，如红色、蓝色的半透明处理，创造出丰富的色彩效果。这种设计手法常用于裙装或衬衫，既可保留传统色彩的象征性，又可为服饰增添现代感与灵动感。在色彩搭配的过程中，设计师需注重传统色彩与当代流行色之间的融合，根据国际时尚趋势，巧妙地将黎族传统色与当季流行色结合。例如，将黎族深蓝色与年度流行的浅紫色搭配，既增加产品的时尚感，又确保其具有鲜明的文化特色。设计师通过这种方式，使传统色彩不再局限于民族服饰的范畴，而是成为时尚市场中的独特亮点，吸引消费者的关注。最后，为使色彩搭配更加符合国际环保潮流，设计师还可采用天然染料、环保染色技术，使色彩表现更加纯粹且具有可持续性。这种现代搭配方式不仅在视觉上可提升黎族服饰的美感，还可通过环保理念的引入提高产品的市场价值，为黎族服饰在国际时尚舞台上的推广提供支持。

（二）红色、蓝色、黑色等民族代表性色彩的时尚表达

红色、蓝色、黑色等民族代表性色彩的时尚表达在黎族服饰的现代设计中是实现传统文化与当代潮流融合的关键手段。这些色彩不仅具有深厚的文化象征意义，还通过现代设计语言赋予服饰多层次的审美表现力。红色在黎族文化中代表着吉祥、喜庆和生命力，在现代时尚中常被用于礼服、婚纱、节庆服饰的设计。设计师通过叠加不同色调的红色来丰富视觉效果，如将深红、酒红与亮红结合，增强服饰的层次感，并与金色、银色等配饰搭配，以营造奢华与庄重的仪式感。在运动服、街头服饰中，红色多用于局部装饰，如帽子、袖口或鞋款细节，通过点缀的方式提升整体活力感，使其既符合年轻消费者的审美，又可保留传统色彩的象征性。

蓝色在黎族传统中与自然密切相关，象征着海洋、天空的宁静与包容。在现代服饰设计中，蓝色多用于日常装束、休闲服饰，如牛仔系列、外套、衬衫。设计师通过将深蓝、宝蓝、浅蓝等多种色调组合运用，使服饰既具有稳重的传统韵味，又不失现代感。蓝色在夏季时装中应用广泛，例如可与白色、米色搭配，营造清爽与自然的视觉效果，增强服饰的季节性表达。在高

级成衣、商务服装中，设计师可选用深蓝色或海军蓝来代替传统的黑色，既传递出庄重感，又赋予服饰更多的柔和与亲和力，适应多场合的穿搭需求。

黑色在黎族文化中象征着神秘与庄重，传统上常被用于丧礼、祭祀活动中，但在现代设计中，黑色被应用在各类服饰中。设计师通过对面料进行选择和细节处理，使黑色服饰展现出丰富的层次感。例如，在礼服中，黑色丝绸或蕾丝面料的运用增强了服饰的优雅感与神秘气息，在日常装中，设计师通过刺绣、亮片、织锦等工艺为黑色单品增添装饰性元素，提升视觉吸引力。在运动服、街头时尚服装中，黑色与其他色彩的搭配也十分常见，如红色、黑色的组合传递出强烈的对比感，增强服饰的个性化表达。

色彩的现代表达不仅体现在服饰的款式设计上，还贯穿在配饰、包袋、鞋履的设计中。例如，红、蓝、黑三色常被用作品牌限量系列的主色调，吸引注重文化符号与个性化表达的消费者。通过将传统色彩符号与时尚趋势结合，这些色彩不仅得以保留黎族传统服饰文化内涵，还可成为时尚市场中独具特色的元素。时尚表达的实践表明，黎族服饰色彩在经过现代设计的创新与融合后，能在全球市场中展现出新的生命力与文化价值，可为黎族服饰文化的推广与传承开辟新途径。

（三）色彩心理学与市场趋势分析

色彩心理学与市场趋势分析在黎族服饰的现代设计中扮演着关键角色，可帮助设计师根据消费者的情感需求与市场偏好灵活应用色彩，使传统色彩符号更具吸引力和市场竞争力。色彩心理学研究表明，不同颜色会引发人们特定的情绪反应，影响人的购买行为。例如，红色常与热情、活力、刺激感相关，因此在运动服饰和街头潮流装中，设计师通过局部红色的点缀提升视觉冲击力，激发消费者的活力与行动力。在礼服、配饰设计中，红色可传递出奢华与仪式感，吸引追求个性与表现力的高端消费群体。蓝色因与冷静、信任、放松的关联性，常被用于休闲装、家居服饰中。设计师通过采用深浅不一的蓝色调，传递出宁静与舒适的感觉，迎合现代人对舒适生活方式的需求。蓝色在商务服装中也备受人们青睐，象征着专业性和可靠性，从而满足商务场合对庄重与亲和力的双重需求。市场趋势分析可为设计师提供重要参考，使黎族服饰的传统色彩能紧跟国际时尚潮流。例如，每年时尚界发布的年度流行色为设计师提供创作灵感，通过将黎族传统色彩与流行色巧妙结合，可增强产品的时尚感与市场吸引力。例如，可将黎族的传统深蓝色与流行的粉紫色、橙色搭配，创造出既具有民族特色又符合当代审美的色彩组合。在季节性产品中，设计师可根据季节特点调整色彩策略，如在夏季系列中运用浅蓝色和白色，营造清凉感，在秋冬系列中偏向于红色、棕色、黑色的组合，以增强温暖感、层次感。这种符合市场趋势的设计不仅可提升黎族服饰在国际市场中的认知度，还能满足消费者对绿色时尚的需求，增强产品的社会责任感与文化附加值。通过将色彩心理学与市场趋势分析相结合，设计师能精准地掌握不同色彩在消费者心目中的象征意义与对情感的影响，从而将色彩合理地融入黎族服饰设计中。这样一来黎族传统色彩在现代时尚语境中能获得新表达方式，可提升产品的市场竞争力，为民族文化的创新与推广创造机会。在未来的时尚市场中，基于色彩心理与趋势分析的设计方法可推动黎族服饰与国际潮流接轨，为民族文化在全球范围内的传播与发展开辟广阔的发展空间。

（四）传统染色技法与新型染料的结合

传统染色技法与新型染料结合在黎族服饰现代设计中是重要的创新实践，黎族传统染色技法主要依赖天然植物染料，如靛蓝、黄姜、红花等，这些染料不仅赋予了服饰自然质朴的色彩，还承载着黎族人对自然的崇敬与依赖。这些天然染色工艺在现代市场应用中也面临着诸多挑战，例如染料色牢度不足、生产过程耗时较长、颜色种类有限等问题。为突破这些局限，现代设计师、工艺师可通过引入新型环保染料与传统技法相结合的方式，不仅可提升色彩的表现力，还能增强产品的市场适应性。新型染料的使用使色彩更加鲜艳耐久，也可减少多次染色带来的资源消耗。在此过程中，设计师还可保留传统染色的技艺特点，如扎染、蜡染、渐变染色，通过现代工艺进行优化，使图案、色彩表现更加精细。结合新型染料，设计师可确保传统工艺核心价值不被削弱。例如，在扎染工艺中，设计师可先使用天然染料进行初次染色，随后用现代合成染料进行叠染，使图案色彩层次更加丰富，并提升染料的耐用性。数码印染技术也可被引入传统染色领域，通过现代科技实现传统花纹的精准再现。例如，复杂的黎族纹样可先通过数码设计定稿，再通过植物染色进行局部处理，这种工艺既保留了传统染色的手工温度，又提高了生产效率。环保染料的引入能迎合当前消费者对可持续时尚的需求，设计师通过采用无毒、可降解的染料，从而减少对环境的污染，使产品在国际市场上更具竞争力。这种传统与现代的结合不仅在服饰设计中发挥着积极作用，还推动着染色技艺的传承与创新。设计师通过举办技艺展示、工作坊，让消费者、学者了解这些染色工艺的文化背景与制作过程，增强公众对黎族文化的认知与认同。这种工艺融合不仅可提升黎族服饰的文化价值，还能拓展其在家居用品和时尚配饰中的应用。例如，设计师可在围巾、抱枕等产品中应用扎染与渐变染色，不仅可丰富产品种类，还能推动黎族传统工艺的市场化发展。通过传统染色技法与新型染料的结合，黎族服饰在现代时尚领域中可实现文化与科技的双重进步，为民族工艺的创新应用与可持续发展探索新路径。

三、面料选择

（一）传统天然材料的再开发

传统天然材料再开发是黎族服饰现代设计的关键举措，强调通过创新工艺与优化处理，使传统天然材料在当代时尚市场中焕发新生。黎族传统服饰多使用麻布、棉布、树皮布等天然材料，材料源自当地自然资源，具有良好的透气性、生态性，体现着黎族人与自然共生的生活智慧。传统天然材料在现代市场中面临耐用性差、质感较粗糙、染色牢度不足等问题，需通过再开发提升其性能和市场适应性。设计师在再开发过程中可引入现代纺织技术，对棉麻材料进行纤维精加工，使其质地更加柔软顺滑，以此来提升其穿着舒适性。此外，设计师可采用复合纺织工艺，将棉麻与其他纤维混纺，使面料更加耐磨、防皱，满足现代消费者对高品质服饰的需求。树皮布的再开发主要通过生物科技手段提取纤维素，与有机棉混纺生产环保面料，不仅保留树皮布的自然纹理，还可提高面料的柔韧性和耐用性，增强其市场应用的广泛性。为提高材料的色彩表现力、抗褪色性，设计师还可引入天然植物染料与新型染色技术相结合的工艺，使传统材料既保持原有的自然色泽，又符合现代时尚市场的高标准染色要求。在面料生产、加工过程中，设计师需立足可持续发展理念，优先选择生态友好的加工方法，以此来减少对环境的污染。这些再开发措施不仅可提升黎族传统材料的品质，还可增强其在高端市场中的竞争力，推动民族文化的创新表达与推广应用。通过这些努力，黎族天然材料得以突破传统局限，在现代时尚中展现出新的可能性，为文化传承与市场拓展创造广阔的发展空间。

（二）现代面料与黎族元素的搭配

现代面料与黎族元素的搭配旨在通过高科技面料与传统文化符号的结合，使产品兼具民族特色与市场竞争力。设计师在具体操作时会优先选择功能性面料，如丝绸、羊毛混纺、再生聚酯纤维等，以确保服饰在不同场景中的适用性。在高端礼服设计中，丝绸与黎族刺绣工艺的结合是一种常见的方式。设计师会将简化后的黎族几何图案通过手工刺绣、数码刺绣工艺呈现在丝绸面料上，使服饰既具有传统韵味，又具备高端时尚质感。在秋冬系列中，羊毛、羊绒等混纺面料常与黎锦图案搭配，通过织入几何纹样或图腾符号，提升和扩展服饰艺术价值与文化深度。在运动服、户外服饰领域，设计师可选择具有透气、防水、抗紫外线功能的高性能面料，通过印花工艺将黎族传统元素应用在运动套装、夹克、配件上。例如，将黎族的蛙纹、波浪纹以热转印技术覆盖在尼龙面料上，以此来确保图案清晰耐磨，满足运动服的功能需求。在配饰设计中，现代面料与黎族符号的结合也非常广泛。设计师常在手袋和鞋履上使用皮革或帆布面料，并将黎族元素通过提花或刺绣的形式进行点缀，例如在鞋面上以对称的几何图案增强装饰性，或在包袋上拼接富有民族特色的织锦细节，从而提升产品的视觉吸引力。这种现代面料与黎族元素的搭配不仅可扩展民族符号的应用场景，还能增强服饰的多样性、实用性。设计师在搭配过程中要注重功能性与美感的平衡，使服饰既能满足消费者的日常穿着需求，又能在时尚市场中脱颖而出。该创新模式推动着黎族文化符号在不同面料中的灵活应用，为民族服饰的现代化与国际化提供了新的可能。

（三）功能性与美学的协调应用

功能性与美学的协调应用在黎族服饰的现代设计中十分重要，设计师通过合理的面料选择、结构设计、工艺融合，可使服饰在保持传统美学的基础上，具备良好的实用性。首先，在面料选用上，设计师可选择具备防水、透气、抗紫外线等功能的面料，将其与黎族传统图案、工艺相结合。例如，在户外服饰设计中，使用尼龙、再生聚酯纤维面料确保服饰轻便、耐磨，在局部加入热转印的黎族符号,使产品兼具文化特色、运动功能。其次,在服饰结构设计中,设计师需注重廓型与图案的协调,使其符合现代审美且具备多功能性。常见做法是在传统上衣的对襟设计中加入松紧调节装置,使其适应不同身材与使用场景,提升穿着的灵活性。设计师还可将传统黎锦图案以模块化的方式设计在拼接服饰上,使其成为可拆卸或可替换的装饰元素,增强服饰的多场景适应性。再次,在工艺融合上,设计师通过数码印花、激光切割等现代工艺提高传统图案的表现力,提升生产效率。例如,在商务服饰设计中,可采用激光雕刻技术将黎族图案刻在皮革面料上,打造出具有立体感、纹理感的装饰细节,提升产品的艺术价值。在配饰如手袋、鞋履的设计中,设计师会将传统纹样通过压花或提花工艺呈现在面料上,使其兼具美观性、耐用性。这些做法可确保服饰在日常使用中的舒适性,赋予其丰富的文化内涵。最后,功能性与美学的协调应用还体现在服饰的可持续设计中,设计师可优先采用环保材料、高效工艺,从而减少资源浪费。例如在运动服的制作中选用可回收的聚酯纤维,通过无缝贴合技术减少裁剪、缝纫工序,以此来确保服饰具有高强度、低环境影响的特点。这种以功能性与美学为核心的设计策略使黎族服饰在国际市场中更加符合消费者需求,不仅可实现传统文化与现代技术的结合,还可为民族文化推广创造了新的机会。

(四)可持续面料在时尚设计中的实践

可持续面料在黎族服饰时尚设计中通过一系列创新实践,推动着环保理念与传统服饰文化的融合,为现代时尚行业提供了新发展路径。首先,在材料的选择上,设计师可优先采用有机棉、再生聚酯纤维、竹纤维等环保材料。这些材料不仅在生产过程中减少使用化学品,还具备透气性、耐用性、可回收性,符合绿色时尚标准。在设计实践中,有机棉常被用于日常服饰、家居服的制作,结合黎族传统图案,通过刺绣或印花的方式来增强产品的文化表现力。再生聚酯纤维多被用于运动服、户外服饰,以轻便、防水、抗紫外线的性能提升服饰的功能性,例如可通过热转印技术将黎族符号印制在面料上,兼具美学价值与环保性。其次,在染色工艺上,设计师摒弃传统高污染的化学染料,转而采用植物染料和低水耗染色技术,使服饰的色彩表现更加天然且环保。例如,使用靛蓝染料为面料染色,通过扎染工艺创造出渐变效果,不仅还原了黎族传统染色的视觉特征,还可减少染色过程中水资源的浪费。

最后，在品牌推广与产品应用上，设计师可通过透明供应链的管理、环保认证，向消费者传递产品的可持续价值。例如在手袋、鞋履设计中使用由废弃材料制成的面料，附加可追溯标签，确保消费者能了解产品的环保来源与制作过程。为增强消费者参与感，设计师还可推出可回收计划，鼓励消费者将旧服饰卖掉，参与产品的再制造与再循环。这些实践确保了黎族服饰在现代市场中的竞争力，推动着民族文化在可持续时尚中的应用与创新。通过可持续面料实践，黎族传统服饰不仅展现出文化内涵与美学价值，还在环保潮流中找到了与时俱进的发展路径，为时尚产业的未来探索出新方向。

黎族传统技艺与现代设计的结合

一、设计合作

（一）国内外设计师与黎族工匠的协作

国内外设计师与黎族工匠协作是推动传统文化与现代设计深度融合的重要方式，设计师需要深入黎族社区，与当地工匠建立长期合作关系，了解黎锦织造、刺绣、扎染等技艺的核心特点，在此基础上提出现代化设计方案。双方通过共同开发样品，结合传统符号与现代时尚元素，使产品既符合市场需求又能保留文化本质。在协作过程中，设计师能引入新设计理念与工艺工具，如改良刺绣针法或优化织锦纹样排列，提高制作效率、产品精度。工匠可利用丰富的技艺经验，确保每一件产品的细节都能精确地展现黎族文化的精神内涵。通过频繁的工作坊与培训活动，设计师指导工匠熟悉新型面料、现代服饰结构，工匠们可为设计师提供关于传统技法的建议。双方合作不仅可提升产品的艺术价值，还能扩展其应用场景，使其能融入不同类型的服装与配饰设计中。因此，设计师与工匠之间的深度协作推动着文化与创意产业的融合，能为黎族传统技艺在国际时尚舞台上的传播提供新的可能性。

（二）联名款产品的市场推广

联名款产品市场推广通过品牌与黎族工匠的深度合作，可实现传统文化与现代时尚的结合。首先，品牌方与设计师需共同制定产品的开发方向，明确市场定位、设计风格。在此过程中，设计师与工匠协作，将黎族刺绣、黎锦等传统技艺融入产品设计中，如在鞋履、包袋、运动服饰上采用热转印或手工刺绣工艺，以此来提升产品的艺术性、独特性。品牌会在产品开发初期开展市场调研，了解消费者偏好，从而确保设计符合当前流行趋势。其次，在推广环节，品牌方可通过多渠道宣传来提升联名款的曝光度，主要方式包括在社交媒体上发布产品的设计理念与制作过程的视频，利用直播展示工匠的手工技艺以吸引消费者关注。品牌方可邀请知名博主、时尚达人、明星代言，以增强产品的吸引力。在销售策略上，品牌可采用限量发售、预售模式，打造产品稀缺性，提高市场热度。品牌方可在高端商场、时装周或文化博览会中举办线下发布会，让媒体、公众零距离体验联名款的设计与文化内涵，并设立互动体验区，向消费者展示黎族技艺的魅力。最后，为保持联名系列的热度，品牌还可推出同系列的周边产品，如围巾、首饰、家居用品，以此来形成完整的产品生态链，从而扩大市场影响力。这种联名推广模式不仅能提升产品的商业价值，还能实现黎族服饰文化推广与商业目标的双重结合。

（三）艺术院校与企业的合作模式

艺术院校与企业合作模式通过产学研结合，为黎族传统技艺与现代设计的融合提供创新路径。首先，在课程设置与实践教学上，艺术院校会开设与黎族工艺相关的专业课程或工作坊，邀请黎族工匠担任客座讲师，向学生传授刺绣、黎锦织造、扎染等传统技艺。与此同时，企业可与院校合作开展设计比赛或课题项目，从而引导学生围绕黎族文化元素进行创意设计，将优秀作品转化为市场化产品。企业在项目开发阶段能为学生提供实际的市场需求分析与设计指导，从而确保学生的创意能够与消费者需求接轨。其次，在产品制作过程中，企业可提供生产资源与技术支持，产业企业可与高等院校共同优化黎族服饰工艺手法，使设计作品符合大规模生产的标准。在合作模式中，企业可安排学生到工厂或黎族社区进行实地考察，让学生深入了解传统工艺的文化背景与制作流程，从而提升其设计水平与文化理解力。最后，为促进产品推广，企业可通过品牌发布会或展览展示学生的设计成果，利用线上线下渠道进行产品销售，使学生在实际市场中获得经验反馈。企业可与高等院校联合申请政府项目或文化基金，开发以黎族技艺为主题的文创产品或服饰系列，为文化传承、商业推广提供资金支持与政策保障。这种合作模式可为企业提供创新设计源泉，从而推动黎族传统文化在现代市场中的创新应用与传承。

（四）跨界合作推动文化融合

跨界合作推动文化融合是将黎族传统技艺与不同行业结合的创新模式，以此来拓展黎族文化在现代社会中的应用场景。主要做法包括设计师与科技、艺术、建筑等领域的专家合作，将黎族元素融入多元产品和设计之中。在科技领域，设计师可与智能穿戴品牌合作，将黎族刺绣图案应用于智能手环或运动设备的表带上，确保产品兼具实用性与文化美感。此类合作不仅可为智能产品赋予文化价值，还能增强消费者对民族工艺的认同感。在建筑、室内设计领域，设计团队可将黎锦中的几何图案转化为建筑外墙的装饰纹样或室内的纺织品主题，可运用在酒店、展馆、公共空间的设计中，以此来增强空间的文化氛围。设计师可与艺术机构合作，在舞台服装、演出道具中融入黎族传统工艺，通过戏剧、音乐、舞蹈的表演展示传统技艺的独特魅力。跨界合作还包括与餐饮或生活方式品牌合作，例如在餐厅的餐具、桌布、菜单设计中融入黎族的扎染、印花工艺，打造具有文化特色的消费体验。为提升产品和设计的推广效果，各领域还会共同策划展览与文化活动，集中展示跨界合作成果，通过社交媒体进行广泛宣传，吸引消费者关注。这些实践不仅能为黎族技艺提供更多的表达载体，还能加强不同文化间的互动与融合，为民族文化的创新发展提供良好的环境。

二、技艺创新

（一）传统技艺的工艺改进

在传统黎族技艺的工艺改进中，设计师与工匠通过现代技术与材料引入，优化制作流程、提高产品质量与适应性。在织锦工艺中，工匠可通过改良传统手织机结构，来适应更细密的线材使用，改善织物的质地与柔软度。设计师还可采用分段式染色技术，逐步染制图案部分，使颜色的层次更加分明、细腻，从而提高色牢度。这种改进使织锦图案更加耐用、色彩丰富，适用于高端成衣与家居装饰等产品。刺绣技艺的改进主要通过针法与线材的创新。在针法上，设计师可结合现代刺绣方法，如立体刺绣、平面刺绣的结合使用，使图案更具层次感、立体效果。工匠在刺绣过程中可加入特殊的拉线技术，使纹理部分的立体感更强。例如可采用更精细的丝线与特殊工艺纱线来代替传统棉线，不仅能改善刺绣的色泽，还能提升纹样的细腻度与立体感。在色彩层面，工匠、设计师使用天然植物染料与环保染色技术，使传统工艺符合现代环保需求。通过提取植物中的天然色素，如靛蓝、红花、黄姜等染料，确保色彩的环保性、耐用性。改进染色温度与时间控制，使染色过程更加稳定，颜色更加均匀。例如设计师可通过数码技术对传统图案进行结构化分解，将图案局部细节转化为可调整的模块，使图案能更轻松地适应不同面料的尺寸与特性。在需要批量生产的产品中，设计师可使用高精度的数码印花技术，使复杂的黎族图案可高效复现。在传统蜡染技法中，工匠可使用现代温控蜡染工具，改善蜡的流动性与温度控制，以此来提高图案细节的精确度，使蜡染图案在纺织品上的表现更加清晰。通过这些改进措施，黎族传统技艺在保持文化底蕴的过程中，能够提高工艺品质，使产品在国际时尚市场中更具竞争力。

（二）现代科技在技艺传承中的应用

在黎族传统技艺传承中，现代科技应用可提升技艺的精准度、效率、可持续性。首先，在图案设计阶段，设计师可利用计算机辅助设计（CAD）对传统黎族纹样进行数字化处理，能清晰地分解、复刻复杂图案。通过软件设计，传统图案的比例、色彩、细节得以精确调整，不仅可适应不同服饰品类，还能快速制作出满足不同市场需求的版本。其次，数码印花技术被应用于黎族服饰的图案呈现中，这种高精度印花设备能将黎族的复杂纹样直接印制在纺织面料上，以此来减少手工染织的耗时等成本，确保图案的细节与色彩饱和度，提升产品的质量一致性。再次，为保留刺绣的手工质感，设计师可结合3D打印技术制作刺绣模板，将传统黎族图案的结构通过3D打印的模板固定在面料上，方便工匠进行刺绣，从而提升复杂纹样的完成度。现代激光切割技术可提高传统剪纸、镂空图案在面料上的应用精度，激光设备能根据图案的设计稿精准切割，不仅可加快制作过程，还可在织物、皮革等多种材质上实现图案应用，以此来增强服饰的立体感与装饰效果。在染色环节，工艺师可引入智能温控染色设备，根据不同的染料要求，精准调控染色温度、时间，从而提升染色均匀度、牢固性，减少对天然染料的过量消耗。最后，为保存传播黎族技艺，工艺师、设计师可借助虚拟现实（VR）与增强现实

（AR）技术，制作互动式的技艺展示，让年轻一代与国际消费者通过体验设备深入了解黎族传统技艺。这些科技手段不仅可提升传统技艺的制作效率与品质，还使其更具创新性和传承价值，从而为黎族文化在现代社会中的推广提供技术支持。

（三）创新刺绣与织锦技法的开发

在创新刺绣与织锦技法的开发中，设计师、工匠们可通过结合传统工艺与现代设计理念，赋予黎族刺绣与织锦丰富的表现形式与提升其市场适应性。首先，在刺绣方面，设计师可引入多层刺绣技术，通过重叠不同颜色的线材，使纹样的层次感与立体效果更为突出。例如，黎族传统花卉、几何图案可通过底层用浅色、表层用深色的方式加深视觉深度。为提高刺绣的色彩表现力，设计师可在传统单色刺绣基础上加入渐变刺绣法，即在一根丝线上结合不同色调的染料，使色彩从刺绣的一端逐渐过渡到另一端，增加图案自然过渡效果。其次，在织锦技法上，工匠可运用多色机织技术，使织物能表现更多色彩层次与细致的纹样。这种技术在织布过程中使用多个颜色的纱线，通过交错机织，织出色彩丰富的纹样图案。再次，为使织锦图案更具装饰效果，工匠可将金银线、亮片线加入传统的棉麻纱线中，以此来形成富有光泽的织物，使织锦在光线下呈现出立体感与闪光效果，从而提升织物的质感。设计师还可在织锦中引入复合纱线技术，将传统棉、麻纤维与现代纤维材料，如再生聚酯纤维、蚕丝等混纺，以此来提升面料的柔软度、耐用性、防皱性，从而增强织锦的适用性。工匠在织锦图案排列上可引入模块化设计，将复杂的黎族图腾或几何图案拆分成小型模块，方便灵活组合、重复应用，使其能适应不同面料规格与产品需求。最后，为增强刺绣、织锦的艺术效果，设计师可通过结合数码技术开发刺绣与织锦的图案样式，并在传统图案上增加现代元素，如渐变背景、透视效果等，使传统技艺更具现代美感。这些创新技术使黎族刺绣、织锦不仅适用于传统服饰上，还可拓展至高端成衣、家居装饰、配饰等领域，从而为传统工艺带来广泛的市场前景与应用可能。

（四）手工与机器制作的有效结合

在黎族服饰的制作中，手工与机器制作的有效结合能提升效率，保持工艺的独特性与文化内涵。在刺绣工艺中，设计师可使用机器刺绣技术来完成大面积的基本图案轮廓，该步骤不仅可精准控制图案的大小、比例，还能缩短生产时间，确保图案的统一性与精确度。完成基础刺绣后，工匠再以手工方式进行细节补充，例如添加线条的层次感、立体感并丰富色彩的过渡效果，使刺绣更具手工质感、艺术性。在织锦工艺中，工匠可通过机器织造处理布料的基本纹理结构，以此来提高生产效率，适应不同纤维材料的编织需求。机器织造可确保底布的牢固度与均匀性，工匠可使用手工技艺为织锦添加特色图案，如几何纹、花卉等复杂图案，在图案转角和过渡部分，用手工织造进行精细化处理，保留织锦的手工细腻感、层次感。在染色环节，机器染色可用于大面积染色，以此来确保色彩均匀，减少染料浪费。工匠在此基础上，通过手工扎染、蜡染在部分区域进行二次染色，增强图案的层次感，使其在服饰、围巾等产品中表现出独特的色彩渐变效果。在成衣制作上，工厂可使用机器裁剪、缝纫完成基础结构，保证服装尺寸的精确与线条的平整，随后工匠手工缝制领口、袖口、图案边缘等细节，使每件服饰都带有独特的手工装饰，从而保留传统工艺的韵味。在印花环节，设计师会先使用机器进行大面积的数码印花，再由工匠手工完成局部的刺绣、色彩调整，形成深浅、浓淡的效果，避免图案过于平面化。在产品质量检测阶段，手工与机器结合可确保产品的品质，机器检验能确保尺寸、牢度等基础质量，工匠手工检测布料、纹样细节，能保证每件产品的完整性、精致度。这种手工与机器的结合使黎族服饰在保持传统工艺美感的同时，也能符合现代市场对质量的要求。

三、品牌建设

（一）文化特色品牌的打造与推广

在打造、推广黎族文化特色品牌的过程中，可从品牌形象塑造、产品设计、市场推广、用户体验四个方面入手，以确保品牌能体现黎族文化的独特性，吸引市场关注。首先，品牌形象塑造需立足于黎族文化的核心元素，品牌标识、标语等视觉设计可融入黎族特有图腾、纹样、色彩，使其具有民族特色，具备现代化审美。品牌需要在各项宣传物料、包装设计中使用一致的文化元素，以此来确保品牌识别度高、形象鲜明，帮助消费者建立对黎族文化的初步认知与印象。其次，在产品设计中，品牌可精选能代表黎族文化的符号与图案，例如蛙纹、鸟纹、菱形等纹样，可将这些纹样进行简化或抽象化，以适应现代消费者的审美需求。通过结合黎族的传统色彩如红色、黑色、蓝色等，设计出既保留文化底蕴又符合当代时尚的服饰产品。例如在中国国际消费品博览会时装周INSULAiRE品牌作品中，设计师Zkai围绕黎族传统服饰设计了多元化主题服饰作品。如图5-4所示"抱由夹克（Bao You Jacket）"，其款式廓型来自海南岛黎族抱由方言区女士上衣，沿袭古老服饰结构和细节以及缝制工艺，运用现代服装手法进行再设计，提供了一个黎族抱由方言区服饰使用在当下的可能性。面料结合了手织柿染侗布，织娘把布平铺在河边，将柿染液撒在面料上进行日晒，不均匀的染液与光相互作用让面料拥有色泽差异，赋予了每一件夹克不同的肌理效果，大身采用了英国羊毛面料。在衣服的后中有手工针装饰，下摆的三粒琉璃珠，寓意着平安。如图5-5所示"罗活大衣（Multi-Layers Overcoat）"，此款层叠大衣有多种穿着方式，灵感来自黎族罗活方言区服饰，在盛装时会把多层衣物同时穿着，寓意着生活富足。材质运用了混纺羊毛与传统植物染手织布。其中下摆中层可取下用作围巾，拆下围巾后最底部的扣子可往上扣回改变大衣长度。其中牛骨扣图案以海南岛黎族的牛骨发簪为灵感进行再设计，运用了其传统雕刻图案。

图5-4 "抱由夹克（Bao You Jacket）"
（来源：中国国际消费品博览会时装周×INSULAiRE）

同时，品牌可与黎族工匠合作，推出限量款手工制品，赋予产品稀缺性与收藏价值，以此来吸引注重文化与品质的高端消费群体。在市场推广上，品牌可利用线上线下相结合的方式，通过

图5-5 "罗活大衣（Multi-Layers Overcoat）"
（来源：中国国际消费品博览会时装周×INSULAiRE）

社交媒体、文化展览、体验活动等多种途径进行品牌曝光。社交媒体方面，品牌可在主流平台上发布产品设计背后的文化故事，让消费者了解品牌的价值内涵；在线下，品牌可定期举办传统技艺展示、黎族文化体验等活动，让消费者亲身感受到黎族文化的独特魅力。例如品牌可选择与知名时尚博主、设计师合作，进行联名推广，将品牌文化带入广阔的时尚与文化圈层。最后，在用户体验方面，品牌可提供完善的售后服务，定期进行客户反馈收集，从而优化产品设计与服务流程。通过用户调研、评价收集，可了解消费者对文化元素的偏好与接受度，以此来精准地调整品牌发展方向。品牌的文化特色打造与推广不仅要重视品牌形象和产品品质，还可通过多元化的渠道与体验，真正将黎族文化特色带给广泛的消费群体。

（二）本土品牌的国际化路径

在推动黎族本土品牌国际化过程中，需制定清晰的品牌定位、拓展多元化的产品线、运用国际化的品牌营销策略，积极建立海外渠道。首先，品牌定位需准确且具有差异化，以便在国际市场上脱颖而出。品牌可将黎族文化作为核心亮点，提炼出具有象征意义的图腾、纹样、色彩，使其具备独特的民族文化识别度。品牌在视觉设计、语言表达方面需进行国际化调整，并采用简洁且富有象征性的标识与品牌口号，确保内容双语化，以方便国际消费者理解和接受。其次，在产品开发上，品牌可结合国际时尚潮流与区域市场需求，将黎族传统图案、刺绣、纹样等元素与现代设计相结合，开发适应不同市场的多元化产品线。例如，在欧洲市场推出高端成衣系列，在东亚市场推出日常服装及配饰系列，以满足各区域的消费偏好。品牌还可推出跨季节产品线或限量联名系列，以提高产品的独特性、吸引力。再次，在品牌营销策略方面，品牌可借助国际社交媒体平台如照片墙、脸书、抖音国际版等，发布产品宣传内容，展示品牌文化特色与设计细节，可与知名时尚博主、关键意见领袖（KOL）合作，通过他们的影响力在国际市场中推广品牌。品牌还可参与国际知名的时尚活动、展会，如巴黎时装周、纽约时装周等，通过品牌展示与时尚媒体报道扩大国际影响力。最后，品牌可与当地代理商或零售商合作，逐步建立线下销售网络，在关键区域设立体验店、专柜，以提高品牌市场渗透率与客户体验。为推动国际市场的长远发展，品牌还需进行品牌本地化运营，通过深耕目标市场、聆听消费者反馈，不断调整产品设计与营销策略，使其更符合国际消费者的文化偏好与时尚需求。这一系列步骤将有助于黎族服装品牌在全球市场上树立起清晰、独特的品牌形象。

（三）品牌故事与黎族文化的深度结合

将品牌故事与黎族文化深度结合，可从文化内涵提炼、产品故事塑造、多媒体讲述、社交互动、体验活动五个方面展开，以此来确保品牌故事既有民族特色又能打动消费者。首先，品牌需深入挖掘黎族文化的核心内涵，从图腾、纹样、服饰色彩到黎族的生活方式、传说、仪式，从中提炼出独特文化元素。这些元素可以是黎族的蛙纹、鸟纹、鹿纹等象征生命的图腾，或是表达自然崇拜、生命循环的色彩和纹样，品牌可通过这些元素传递出关于生命、自然、和谐的文化价值观，并将其作为品牌故事的核心主题。其次，在产品设计上，品牌可为产品打造独特的故事。例如，带有蛙纹图案的围巾可讲述黎族关于蛙的丰收传说，或在设计灵感说明中介绍蛙纹象征的意义，让产品不仅是日常用品，还是文化的载体。品牌可在包装、产品标签中附上相关的文化说明与故事，以此来增强消费者的认知与理解。多媒体讲述是品牌故事传播的有效途径，品牌可制作系列短视频，拍摄黎族的村落、手工艺人、服饰的制作过程，以此来展现黎族文化的朴实与传统之美。品牌还可通过纪录片或微电影形式，让消费者了解每件产品背后的制作故事、文化价值，从而拉近品牌与消费者的情感距离。社交媒体互动方面，品牌可定期在平台上发布关于黎族文化的知识、故事、互动问答，邀请粉丝分享自己对文化的理解或购买体验，通过留言互动增进品牌与消费者之间的联系。品牌还可利用直播的形式，邀请手工艺人展示黎族传统技艺或产品制作过程，让消费者更直观地了解品牌背后的文化内涵。在线下，品牌可举办体验活动，如黎族文化日、手工艺工作坊、传统纹样绘制等，让消费者亲身体验黎族的传统工艺。品牌还可在门店或展会中设置黎族文化展示区，让消费者身临其境地感受文化氛围。通过这一系列行动，品牌能将黎族文化深入融入品牌故事中，增强品牌的文化底蕴与独特性，让消费者在消费中体会到黎族文化的丰富。

（四）数字营销与电商平台的品牌推广

在黎族品牌数字营销、电商平台推广中，可重点聚焦多渠道宣传、精准广告投放、KOL合作、内容营销、电商平台优化等方面，以此来确保品牌能在数字空间内被充分展示，吸引广泛关注。首先，品牌需在多个主流社交平台上建立官方账号，通过图片、视频、直播等形式定期发布高质量的品牌内容，以展示产品的设计细节、制作过程、文化故事等，向消费者传递品牌的文化价值与视觉美感。其次，品牌可利用广告投放工具，对潜在的目标消费群体进行精准推广。通过分析目标消费者的年龄、兴趣、购买行为等数据，品牌可以在社交媒体和搜索引擎上进行定向广告投放，提高品牌信息的触达率。投放内容可包括品牌故事、文化背景、限量款新品发布等，以吸引更多感兴趣的用户点击并进入电商平台。再次，品牌可选择文化类、时尚类的KOL，通过他们的社交渠道发布穿搭指南、产品使用体验或品牌故事视频等，利用KOL影响力吸引更多粉丝关注品牌。通过这种方式，品牌可快速提升在相关圈层中的曝光度、认可度。在内容营销方面，品牌可通过多元化的内容创作吸引用户关注。例如，发布关于黎族文化、工艺传承的故事，制作短视频展示手工艺人的制作过程等，从而增强消费者对品牌的情感共鸣与文化认同。品牌可在电商平台上创建详细的产品页面，包含丰富的产品描述、高清图片、360°展示视频等，增强用户购物体验。最后，品牌需持续优化电商平台的用户评价、反馈系统，收集客户建议需求，不断调整产品与营销策略，以更好地满足消费者需求。通过多渠道数字营销与电商平台的推广，品牌可迅速提高知名度和销售量，形成稳定的线上消费群体，推动黎族品牌在数字市场的持续增长。

保护与创新：黎族服饰文化的未来

一、黎族服饰文化发展现状

（一）黎族服饰文化的历史脉络与文化价值

1.从地理分布和称呼分析黎族各支系服饰发展进程

黎族五大支系的地理分布、称谓，反映着其文化的多样性与发展进程。润方言区主要分布在海南省白沙黎族自治县的南开乡、儋州村等地，位于五指山附近，保留着最古老的文化服饰传统。其东、东南、西南均为杞方言分布区。杞方言区集中在保亭、琼中等地，包括白沙黎族自治县东南部的鹦哥岭、乐东黎族自治县东部的马嘴岭等地，这些地区文化受外部影响较少，保留了较为原始的黎族文化元素。杞方言区与润方言区共同分布在五指山中心区域，润方言区则被杞方言区包围，因此接受外来文化的时间较晚，保存着较多古老文化习俗。哈方言区、美孚方言区位于杞方言区的外围，人口众多，分布较广。哈方言区主要集中在海南岛的西部、南部地区，分为四星黎、三星黎（抱怀）、侾应（侾炎）三个分支，人口主要集中在乐东、崖州、东方等县市，也延伸至白沙、保亭、陵水等地的外围区域。美孚方言区分布在昌化江中下游地区，包括东方市的水头、乌烈、牙营、金波、大坡、香岭等地，人口较为集中，村寨较大，地理条件较为平坦肥沃，利于聚居。最外层的赛方言区主要分布在海南岛东南沿海的保亭和陵水两县，受外来文化的影响最深，文明进程较快。

从地理分布可看出，黎族五大支系从五指山内向海南岛南部沿海呈半圆形扩散，依次为润方言区、杞方言区、哈方言区、美孚方言区和赛方言区，显示着文化从内向外的层层扩展与外来文化的逐步渗透。称谓上，润方言被称为"本地黎",即土生土长的本地黎族,文化传统保存完好;哈方言意为"住在外面的人",显示出其地理位置的外缘性;美孚方言意为"住在下路的客人",表明他们处于山下、江河下游,较早接受外来文化,因此在文明进程上有所超前。这些称呼与地理分布共同构成了黎族各支系文化传承和发展的独特图景。

2.从服装款式上看黎族各支系的发展进程

黎族各支系服装款式在长期的历史演变中呈现出鲜明的地域特色与文化内涵,展现着黎族不同支系在传统服饰上的差异与对外部文化的吸收过程。润方言支系的服饰风格最为古老,服饰款式简朴且富有历史感。妇女穿"贯首式"上衣,即用两块布料缝合,中间留出开口供头穿过。衣服宽大无领,配以复杂刺绣花边,筒裙长度仅及膝盖,极短。润方言支系妇女还保留刺绣头巾、牛骨发簪等装饰元素,这些都在其服饰中凸显着古朴的民族特色。杞方言支系服饰在此基础上有所演变,以开胸无纽的上衣、短筒裙为主,装饰更加丰富,衣边和袖口刺有红色花纹。杞方言区妇女多佩戴蓝白玻璃珠串成的项圈,体现出较浓的地域性与审美特点。杞方言支系服饰中五角形的遮胸布与开胸无纽上衣结合,使其服饰款式逐渐趋向简化,也融入了自织麻布、棉花等天然材质。随着向外传播,该支系服装在实用性、美观性上进行了融合。哈方言支系分布范围广,服饰风格复杂多样。"四星黎"以自织自染的开胸无纽上衣与短筒裙为主,且头饰上配有重达数斤的耳环,既实用又具备装饰功能。分布在黎族边缘地带的"三星黎"已受到汉族文化影响,上衣与汉族短衣相似,镶有蓝色布边,筒裙长及脚踝,饰有精美复杂的图案花纹。㑉应服饰展现出汉化特征,妇女上衣改为汉布制作的汉式服装,色调深沉,素色长筒裙上无装饰,仅在盛装时装点花纹。美孚方言支系服饰工艺相对复杂,显示出较高的手工技巧。美孚方言支系女子以蓝底白花的扎染长筒裙为特色,上衣为黑色短上衣,配以红色装饰布条,细节精致,采用对襟无纽设计,整体款式结构较为完善。妇女头上常包黑白相间的头巾,筒裙长至脚踝,表现出对传统服饰工艺的精湛运用,显示出较为高级的文化层次。赛方言支系服饰则呈现出黎族各支系中最强的现代化倾向,受汉族服饰的深远影响,妇女上身多穿右衽汉装,筒裙上饰有简约的横条花纹,风格上更贴近汉族文化。赛方言地区妇女还以银簪、银项圈等首饰为装饰,整体造型基本汉化,仅保留筒裙等少许民族特征。

（二）现存技艺类型及地域特色分析

黎族服饰现存技艺种类繁多，具有明显地域特色，主要包括黎锦、刺绣、扎染、编织、饰物制作等传统工艺。黎锦技艺以复杂精细的工艺与丰富的图案形式在黎族五大支系中均有分布，在保亭、乐东、昌江一带表现最为突出。黎锦技艺以多层次色彩与纹样著称，织物图案常见蛙纹、鹿纹等图腾符号，体现着黎族人对自然的崇敬。此技艺不仅技法复杂，还依赖特殊织布机具、纱线材料，至今依然传承在手工艺家庭作坊中，体现着强烈的地方特色。刺绣技艺以白沙县一带的润方言支系最为典型，刺绣图案鲜明，以红、黑为主色，风格简约但寓意深刻，多用于装饰衣袖、领口、头巾和腰带等部位。刺绣图案通常选取花鸟、动物图案，注重对称性和连续性，工艺精湛，充分展示着黎族女性手工艺人的艺术创造力。

扎染技艺在东方市的美孚方言支系中较为发达，美孚方言支系擅长用天然植物染料进行扎染，色彩多呈蓝白对比，图案风格自由多变，多用于筒裙、围巾等日常服饰。扎染技艺中的色彩制作源于自然，蓝色取自靛蓝植物，天然染料的使用体现着黎族人对自然资源的依赖与利用。编织工艺主要用于制作头饰、腰带、绑腿等物品，在五指山一带较为普遍。编织材料多样，如棕榈叶、竹篾、麻线等，技艺以简单的手工编织为主，展现出朴实的民间艺术特色。饰物制作技艺在黎族各支系中盛行，润方言与哈方言支系的女性，常佩戴银质或贝壳制成的饰品。这些饰品样式多样，既有象征身份的功能，又可作为护身符，寓意深刻，制作材料因地制宜，充分体现着黎族人在不同地域中对美的追求与生活方式的差异。黎族各支系的技艺类型与地域特色密不可分，技艺种类的丰富性与地域的自然资源、经济条件、历史发展息息相关，充分展示着黎族独特的民族文化与艺术魅力。

（三）当代社会对黎族服饰的关注与认知

在当代社会，黎族服饰文化价值逐渐受到广泛关注与认知，独特的民族风格、工艺技法、象征意义逐步被学术界、时尚界、大众文化所重视。随着民族文化复兴的推动，黎族服饰在保护与传承方面得到诸多支持，不仅在学术研究中被深入探讨，工艺、图案、色彩等方面的历史价值、审美特质也频繁进入人类学、服装学等领域的研究课题。学者主要关注黎族服饰的工艺传承、服饰图腾文化的象征意义，为黎族服饰文化原始资料的系统整理、技艺工序的数字化保存、文化价值的解读作出诸多贡献。同时，博物馆、文化机构等通过展览、讲座、出版物等，将黎族服饰展现给更广泛的观众，增进了人们对其历史价值与艺术魅力的了解。

在时尚界，黎族服饰独特民族特色已成为现代时装创作中的重要灵感源泉。设计师通过对黎锦、扎染、刺绣等工艺的创新性运用，将黎族传统图案与现代时尚相结合，使黎族服饰元素逐渐走向市场，进入成衣、配饰、手袋等各类产品设计中。在国内外的时装周上，带有黎族服饰特色的作品多次亮相，不仅让黎族服饰在时尚领域得到了广泛认知，也增强了黎族服饰文化的市场生命力。同时，部分品牌与黎族工匠合作，通过推出联名款、限量系列等方式，在更大范围内推广黎族服饰元素，为推动民族文化进入现代消费市场探索出新的路径。

在大众层面，随着互联网的普及与社交媒体的兴起，黎族服饰得到了广泛传播。网络平台、短视频、社交媒体账号通过视频、图文等方式介绍黎族服饰，向年轻一代传播其技艺特点、文化象征、制作过程。这种传播方式使黎族服饰走出地域限制，在全国、全球范围内获得了更多关注。这一系列的努力使黎族服饰逐渐从传统走向现代，成为文化自信和民族认同的重要象征。

二、黎族服饰文化保护与传承策略

（一）非遗保护措施落实与成效评估体系构建

要实现黎族服饰文化的保护与传承，可从多方面入手，采取系统性的措施。首先，非遗保护措施落实十分重要，可构建完善的成效评估体系。通过对黎族服饰传承现状、保护成效、技艺传承情况的动态进行监测和评估，可及时调整保护政策，确保保护措施有效性。评估体系可采用调研、定期访谈、现场检查等方法，从保护力度、传承效果等多角度进行分析，以确保项目资源的合理配置，评估对文化传承的实际促进作用。

其次，传统技艺与现代设计的融合是一项关键策略举措。通过与时尚设计师合作，可深入挖掘黎族服饰的独特符号与工艺特点，将传统元素融入现代服装设计中，以推出具有市场吸引力的作品。设计师可组织实地考察，与当地手工艺人合作，探索黎族织锦、刺绣等技法的现代化表现方式，在保证传统符号核心内涵的基础上，赋予其现代美感，适应当代审美需求，以此来实现传统与现代的平衡，使黎族服饰在市场中获得持续关注。

再次，手工艺人培养与社区传承体系建设是保护传承的关键。可通过举办技艺培训班、工作坊、社区讲座来提升手工艺人的技能，鼓励年轻一代参与技艺传承。政府、非政府组织可提供资金支持，通过发放工艺补贴来激励手工艺人持续从事传统技艺。例如，可通过丰富多样的社区活动将技艺展示、体验融入日常生活，使黎族服饰传承成为社区文化的一部分。

最后，可建立黎族服饰文化档案。通过对黎族服饰的全面记录，包括服饰的制作过程、工艺特点、象征符号等内容，形成完整的档案系统。可运用现代数码摄影、3D扫描等技术，制作高质量的数字化档案，便于保存与传播。数字化档案不仅能用于学术研究，还可为后续设计创新提供素材。在档案建设过程中，可依托博物馆、档案馆等机构的资源，建立线上展示平台，扩大黎族服饰文化的影响力。通过实施这些措施，能充分保护和传承黎族服饰文化。

（二）传统技艺与现代设计的融合模式探索

在探索黎族传统技艺与现代设计的融合模式时，可从技艺传承与设计创新两方面入手，结合市场需求，提升黎族服饰的实用性与时尚感。

首先，可建立"非遗+设计"的合作模式，鼓励设计师与黎族工匠合作，通过工作坊、研讨会等形式，让设计师深入了解传统技艺的内涵、工艺流程、文化象征，从而在创作中融入黎族服饰的民族元素。在设计过程中，可将黎族传统图腾、纹样、色彩重新解构和简化，使其更符合现代审美。例如将传统纹样几何化处理，便于在不同面料和产品上应用，既保留了民族特色，又满足了市场多样化需求。

其次，探索技术与手工的结合，通过现代工艺手段提升传统技艺的质感与表现力。例如，利用数码印花、激光雕刻技术，将黎族传统纹样印制或刻画在高品质面料上，不仅能精细还原传统纹样，还能减少制作成本，提升产品质量。

最后，为满足不同消费者的需求，可在产品设计上增加多种功能，如在运动服饰中融入黎族图案，结合防水、透气等功能性面料，打造既具民族特色又符合时尚需求的产品。在服装款式设计上，可适当结合西式剪裁与传统黎族服饰的结构设计，将现代化的立体裁剪与黎族服饰的宽松廓型结合，使其适应不同体型与场合。这种多维度的融合模式不仅让黎族传统技艺焕发新生机，也能推动民族服饰进入更广阔的时尚市场。

（三）手工艺人培养与社区传承体系建设

在手工艺人培养与社区传承体系建设中，首先，可建立专业培训体系，通过政府、学校、非遗保护机构的支持，定期开设手工艺技能培训班，邀请资深手工艺人传授技艺，确保传统手工艺技法的系统性传承。其次，可设立"学徒制"传承机制，允许年轻人以学徒身份在工匠身边学习，将学习与实际工作结合，加深技艺掌握。通过学校教育的融入，可将黎族传统手工艺作为特色课程纳入当地学校，在小学、中学阶段开设技艺普及课程，帮助学生从小接触、理解本民族的传统文化。最后，在社区内部，可建立手工艺合作社，鼓励手工艺人共同参与合作生产、资源共享，借助合作社平台推广产品，让手工艺人获得更多收益，以此来增强手工艺人的工作积极性。社区需定期举办传统手工艺文化节与展示活动，邀请外界参观，展示手工艺作品及其背后的故事，从而加强社区与外界的互动交流，激发年轻一代的认同感与参与兴趣。这一系列措施有助于构建系统化的手工艺人培养与传承体系，促进黎族传统手工艺在社区内外的长期传承与发展。

（四）黎族服饰文化档案建立及服饰数字化保存

建立黎族服饰文化档案及实现服饰数字化保存，须系统化调研、记录、分类整理工作。

首先，启动服饰文物的全面普查，组织专业人员到黎族聚居区进行实地走访，搜集服饰实物、制作工具、相关文献资料，对有代表性的服饰、纹样、配饰、工艺步骤等进行高质量影像、文字记录。同时，结合口述历史，邀请年长的手工艺人详细讲解服饰制作过程、技艺传承，以音频、视频等多媒体方式记录，为传统技艺提供详细而生动的背景信息。

其次，在档案分类方面，根据不同服饰类型、纹样风格、支系特色进行分门别类，建立标准化分类编码体系，以确保后期查找利用更加便捷。为增强档案的系统性，可对各类服饰特征建立详细的档案卡，包含图片、纹样、使用材料、制作年代、工艺说明等信息，以此来确保每一细节都得到充分保存。例如可利用三维扫描技术，对服饰进行三维建模，以便在后期进行线上展示或虚拟现实应用时，让大众通过数字平台近距离接触黎族服饰的精细工艺。

最后，在数字化保存上，可开发综合数据库平台，通过大数据、云存储技术，实现对档案的长期保存与随时访问。平台须具备多功能的搜索、展示、用户交互功能，支持对数字化服饰的在线展示、教育推广。可与高校、博物馆、非遗保护机构合作，将数字化数据开放共享，使各类研究人员能方便地访问、利用资料，推动学术研究和公众教育。在推广方面，可利用虚拟展览、线上展示等形式，通过社交媒体与文化平台定期发布，吸引更多人关注黎族服饰文化，为传统文化的传播与传承提供可持续支持。

三、黎族服饰文化教育与推广路径

（一）校园教育中黎族服饰文化课程设计与实施

在校园教育中推广黎族服饰文化，可通过系统化的课程设计与实施来培养学生对传统文化的认知与兴趣。

首先，课程设计需以文化背景、服饰结构、工艺技法等为核心内容，分阶段、循序渐进地融入小学、中学、大学各个教育层次。例如，小学阶段可将黎族服饰作为艺术或历史课程的模块之一，通过故事讲述、图画展示等生动形式，帮助学生初步了解黎族服饰的基本元素、文化内涵。中学阶段则可深化知识内容，在艺术课程中加入服饰工艺的基础介绍，如染色、刺绣、编织等，使学生逐步了解其制作流程和技法。

其次，在大学、职业教育阶段，可在艺术设计或民族文化相关专业中设置关于黎族服饰的专门课程。课程内容可包括黎族服饰历史、符号含义、图案设计、色彩运用等，让学生全面掌握黎族服饰的传统知识。还可结合服装设计、工艺美术等专业课程，并增设实训模块，让学生有机会亲身体验黎族服饰的制作工艺。

再次，为增强学生的学习体验，学校可邀请黎族手工艺人或文化研究学者进行现场讲座或工作坊，为学生带来一手文化知识，鼓励师生互动。教材编写、教学资源开发也是课程设计的重要组成部分。学校可与民族文化研究机构合作，编写适合不同年龄段的黎族服饰文化教材，包括历史资料、图片示例、工艺讲解等内容。开发多媒体辅助教材，如演示文稿（PPT）、互动VR展示等，以传统与现代相结合的方式展示服饰文化，为课堂教学提供丰富的资源支持。

最后，在课程实施方面，可定期开展实践活动来增强学生兴趣的有效手段。学校可组织"黎族服饰文化日"活动，设置展示区域、体验工坊等，让学生亲身体验黎族服饰的穿戴方式和制作流程。例如，策划黎族服饰设计比赛或服饰搭配展示等活动，鼓励学生用现代视角设计黎族风格的服饰作品，提升创意表达力。这种校园教育模式不仅能深化学生对黎族服饰的理解，还能在互动体验中增强文化认同感，达到教育与传承的双重目的。

（二）公共活动中黎族服饰展示与互动体验设计

在公共活动中展示黎族服饰，设计互动体验，可通过主题展览、手工体验、文化表演等形式来实现，使公众能全面了解黎族服饰的文化内涵。

首先，活动策划可以"黎族服饰文化节"或"黎族服饰展览"为主题，定期举办展示活动，设置服饰展示区、历史介绍区、技艺展示区。例如在服饰展示区，按照黎族五大方言区的特色分类陈列服饰，从颜色、图案、样式等方面介绍不同地区的服饰特点，配以简洁的图文讲解。历史介绍区可展示黎族服饰发展的脉络图，并配以历史影像、实物展示，让参观者直观地感受到黎族服饰的演变。

其次，互动体验设计可成为展示活动中的亮点，通过手工坊、穿戴体验、虚拟现实等形式，拉近公众与黎族服饰文化的距离。例如，在手工坊中邀请黎族工艺人现场教授简单的刺绣、染色等基础技法，参与者可动手制作自己的黎族风格小物件。穿戴体验则可设置专门的服饰穿搭区域，提供不同尺寸的黎族传统服饰供参观者试穿，配备摄影专区，让参与者穿上黎族服饰留影，增添趣味性。

最后，为吸引年轻一代，还可通过VR或AR技术，将黎族服饰的图案设计、穿搭方式等虚拟化，参观者通过手机或VR眼镜即可体验、学习黎族服饰的精髓。在活动中增设黎族文化表演来增强文化体验感。例如，在展览期间举办小型的黎族舞蹈表演、婚礼服饰秀、传统节日庆典展示，让观众通过视觉、听觉的多维体验，感受黎族服饰在日常生活、仪式中的实际应用。也可设计导览服务，通过讲解员或音频导览讲述每一件展品的历史、工艺与文化背景，深化公众的文化认知。通过立体化的展示与互动体验设计，能让公众在趣味性与参与性中深入了解黎族服饰文化，有助于文化认知的普及与传承。

（三）多媒体平台在黎族文化推广中的创新应用

在多媒体平台推广黎族文化可通过视频、图文、直播等创新形式，实现广泛传播与互动参与。

首先，可利用短视频平台如抖音、快手等，制作系列短视频，将黎族服饰的制作过程、历史故事、节日活动逐一展示，以视觉冲击吸引用户关注。视频内容可以涵盖黎族传统服饰的刺绣技艺、染色工艺等，还可加入工艺人讲解，让观众看到每件服饰的细节与文化背景。例如，可设置不同主题系列，如"黎族节日服饰""黎锦编织工艺"等，以此来形成完整的内容矩阵，使受众系统性地了解黎族文化。

其次，可充分利用社交媒体的图文传播功能，发布精美的黎族服饰高清图片，配以简洁的文字说明，讲述每件服饰的独特设计与背后的故事。可结合微信公众号、微博等平台，定期发布内容，增加粉丝黏性。例如，可通过微信公众号推出黎族文化专题文章，结合图文、短视频、音频讲解，让受众深入了解黎族文化。也可在微博开展话题互动，如"黎族服饰之美""黎锦图案传说"等，鼓励用户发布相关内容，增强文化传播的广泛性。

再次，直播互动也是推广黎族文化的有效方式。政府部门需定期在平台上开展直播活动，邀请黎族服饰手工艺人现场展示织锦、刺绣等工艺，让观众实时观看并提问。直播过程中可由讲解员提供背景介绍、细节解读，让观众更加深入地理解每道工艺的细腻之处，营造沉浸式体验。对年轻人，可适当融入互动游戏，如在线拼图、工艺猜谜等，以此来提升观众的参与感。

最后，通过线上商城、文化文创平台展示、销售黎族服饰及文创产品，可让观众在欣赏文化之余将黎族元素带入日常生活。平台还可结合电子商务，将部分收益用于黎族文化保护与手工艺人支持，实现社会效益、经济效益的双赢效果。通过多媒体平台的创新应用，黎族文化可以更好地实现传承和推广，吸引多元人群的关注并加深对民族文化的认同感。

（四）年轻一代对黎族服饰文化的兴趣引导与培养

引导年轻一代对黎族服饰文化的兴趣与培养需要从教育、互动体验、社交传播等多角度入手，确保其能在感受中深刻认知、传承这一文化。

首先，可在学校设立黎族服饰文化兴趣课程、社团活动，结合历史、艺术课程，把黎族服饰工艺、图腾寓意等知识融入课堂教学中。学校可组织学生参与手工制作体验活动，让他们在亲手编织、刺绣中感受黎族服饰工艺的独特魅力。通过定期举办黎族文化节日或服饰展览，学生还可直接欣赏传统服饰，培养他们对黎族文化的认同感。

其次，创建线下与线上相结合的互动体验平台。例如，在博物馆、文化馆建立可供青少年体验的数字展厅，通过虚拟现实（VR）技术，使他们仿佛置身于黎族传统场景中，穿越时空，亲身体验黎族服饰的独特之处。开发黎族文化手机应用或小程序，涵盖服饰款式、图案寓意、工艺视频等内容，方便年轻人随时学习与分享。在应用或小程序内引入奖励机制，鼓励年轻人通过任务解锁服饰文化知识，以互动式学习的方式激发他们的兴趣。

再次，在社交媒体上，可设立专属栏目或话题，例如"我身边的黎族文化""黎族时尚潮流"等，鼓励年轻人用创意方式展示自己对黎族服饰的理解与创新。组织线上征集活动，例如，黎族服饰穿搭挑战、图案设计比赛等，激发年轻人对传统文化的创作热情，通过社交分享扩大影响力。还可邀请网红或KOL与年轻用户互动，介绍黎族文化背后的故事，让文化传承融入当代潮流中，激发青年的关注与喜爱。

最后，策划黎族文化研学旅行项目，让学生有机会实地参观黎族村落、与当地工艺人互动，学习传统手工技艺。研学活动可结合手作、访谈、记录等形式，帮助学生在实地体验中真正感受黎族服饰文化的历史与艺术价值。通过教育课程、体验平台、社交传播、研学活动的结合，将年轻人对黎族服饰文化的兴趣培养成认同与传承的动力。

四、黎族服饰文化的政策支持与多方合作

（一）政府对黎族服饰文化的支持政策与保障体系

政府对黎族服饰文化的支持政策与保障体系需从资金、法律保护、技术支持、人才培养等多方面着手，构建全面的保护框架。首先，政府可设立专项基金，用于支持黎族服饰文化的研究、传承与推广，为地方文化项目、非遗保护单位、民间手工艺人提供资金援助。在政策层面上，出台法律法规明确非遗项目的保护和传承责任，确保黎族服饰文化免受外来商业开发的过度干扰，保障其传统文化价值不受侵蚀。对符合条件的文化传承者，政府可建立补贴制度，鼓励他们专注于对传统技艺的传承和创新。其次，政府可提供技术支持，通过建设保护中心、传习所等方式，为黎族服饰工艺的研究推广提供技术性资源，协助传统工艺与现代设计相结合。例如，可通过与高校、科研院所合作，推动黎族服饰文化的系统化研究和数据化保存，确保其在不同文化背景和市场环境中的传播力。政府可提供政策支持，鼓励企业、设计师等多方力量参与合作，推动黎族服饰在当代市场中的创新应用，支持文化品牌的开发，提升其市场竞争力。最后，在人才培养方面，政府可建立非遗传承人培训机制，鼓励年轻一代学习黎族传统工艺，通过在教育系统中引入黎族服饰课程，推动学生对本土文化的认知与认同。政府部门还可组织文化展览、研讨会、国际交流项目等，借助文化节庆、展演活动扩大黎族服饰文化的影响力，为其可持续发展营造良好的外部环境。通过全方位的政策支持与保障体系，政府可推进黎族服饰文化的传承、创新与国际化推广。

（二）企业在文化保护中的合作模式与社会责任价值发挥

企业在文化保护中的合作模式与社会责任价值发挥，可通过资源投入、市场推广、公益活动等多种方式，推动黎族服饰文化的保护与传承。首先，企业可与当地文化部门、非遗保护机构合作，通过资金、技术支持参与传统工艺的传承与创新项目。例如，企业可协助建立黎族服饰传习所、培训基地，提供生产设备、市场调研等资源，从而提升黎族服饰的生产与流通能力。企业可以文化品牌的形式推动黎族服饰走向市场，开发结合传统元素与现代审美的产品线，通过多渠道营销扩大其市场影响力，让黎族服饰文化逐渐融入

现代生活。其次，企业还可组织或资助文化交流活动、展览、研讨会等，将黎族服饰文化推广至更广泛的消费群体和国际市场。通过策划公益广告、发布专题纪录片，企业能增强公众对黎族文化的认知与认同。企业可积极参与文化节庆活动，通过设立展位、赞助活动，将文化保护与企业品牌建设相结合，使消费者在购买产品的同时对黎族文化产生情感共鸣。最后，为更好地发挥社会责任价值，企业还可通过创建文化保护基金，长期资助黎族服饰工艺人及传承人群体，协助打造社会公益活动平台，从而强化文化保护与社会责任的相互作用。通过这些措施，企业在保护黎族服饰文化的过程中，也可获得广泛的社会支持和品牌认同，从而实现文化保护与企业社会责任的共赢。

（三）文化机构在黎族服饰研究与传播中的作用

文化机构在黎族服饰的研究与传播中承担着推动保护、提升认知、强化传播的核心作用。首先，文化机构可组织专业团队深入黎族地区开展调研，系统记录、整理黎族服饰的历史渊源、技艺特色、图案含义等，以此来形成丰富的资料库与研究成果。通过建立详尽的文化档案，文化机构能为后续的保护与传承工作奠定基础，为学术界提供权威的数据支持。其次，文化机构可依托博物馆、图书馆等公共资源，将黎族服饰实物纳入常设展览和专题活动，向公众展示黎族服饰文化的独特魅力，以增强大众的文化认同感。在传播方面，文化机构可利用现代科技手段和数字化平台拓宽传播途径，通过线上展览、虚拟展示、视频讲解等方式，将黎族服饰文化介绍给受众。最后，文化机构可与学校合作，编写关于黎族服饰文化的教材或教育读物，将黎族文化知识纳入教育体系，促进青少年对少数民族文化的了解。文化机构还可通过联合媒体开展宣传活动，打造专属的黎族服饰品牌标识，从而提升其社会影响力。通过深度研究与广泛传播，文化机构不仅能推动黎族服饰文化在当代社会的活跃传承，还能为其他少数民族的文化保护提供借鉴，为多元文化的融合发展作出贡献。

（四）国际交流项目对黎族服饰文化的推广与影响

国际交流项目在黎族服饰文化推广中具有促进作用，可为其提供跨文化传播与融合的平台。

第一，通过参加国际文化展览与服饰时装周等活动，黎族服饰可在全球视野中亮相，使国际观众了解其独特的工艺、图案与历史文化内涵。文化机构、设计师可借助这些活动，通过现代化、符号化的形式重新演绎黎族传统服饰，使其在世界时尚领域获得广泛关注。通过设立海外文化展示项目或与国外博物馆、文化机构合作，开展以黎族服饰为主题的巡回展览、讲座，可扩大黎族服饰在海外的影响力，促进不同文化之间的理解与互动。

第二，国际交流项目还可推动黎族传统技艺的传承与创新，通过与海外设计师、学者的合作，共同探索现代设计和传统技艺的融合。例如，举办国际技艺研讨会或创意设计工作坊，可邀请黎族工匠与国际设计师、手工艺师进行技艺交流，实现技法创新，提升工匠的技艺水平。借助国际合作项目，文化机构、企业能共同推广以黎族服饰为主题的文创产品，从而进入海外市场，将黎族文化作为一种时尚和艺术元素引入更多国家。通过多样化的交流与合作，黎族服饰不仅得以跨越地域进行传播，还能推动中华民族文化在全球范围的认知度和影响力，为文化多样性的国际交流作出积极贡献。

第六章

海南黎族服饰文化与传统技艺发展策略

第一节

引入数字化技术，推广数字化与
技术的整合

一、搭建智慧化黎族服饰与技艺数字展示平台

搭建智慧化黎族服饰与技艺数字展示平台需综合考虑平台架构、功能模块、实际应用，以实现全方位的展示推广。在平台总体架构设计上，可围绕信息展示、数据存储、用户互动三个核心展开，确保系统结构具备高效、稳定、安全的特性。前端以服饰展示为中心，提供图像、视频、三维模型等多种展示形式，后台需建立包含黎族服饰图案、纹样、工艺流程等信息的数据仓库，集成图像处理、三维建模等工具，以支持高精度的图文展示。平台技术架构可采用分布式系统，以此来确保系统在大数据负载下仍能高效运行。前端界面应简洁美观，方便用户浏览与操作，适应计算机端与移动端的不同设备。设计整体需充分考虑后续的可扩展性，便于未来的功能升级与内容扩充。在平台架构基础上，平台功能模块设计可围绕多样化功能需求展开，主要包括展示、互动、体验等模块。展示模块涵盖黎族服饰的历史沿革、地域特色、代表性纹样、制作工艺等详细内容，支持图片、视频、三维展示等多种形式，能让用户获得全方位的视角。为增强互动感，平台设置有互动模块，主要提供留言、评论、问答等功能，能让用户与专家、设计师、技艺传承人进行在线互动，激发对黎族服饰的兴趣。虚拟体验模块主要是通过增强现实（AR）技术支持用户在线试穿黎族服饰、体验配饰搭配等，模拟真实试穿效果。如DIY功能，能让用户设计专属的黎族纹样和配色，从而提升用户的创造性。在平台构建完成后，需将平台应用于多种场景中，以充分发挥其价值。在教育推广领域，可与学校、文化机构合作，推广平台作为教学辅助工具，

为学生提供系统的黎族服饰文化学习资源。通过在课堂上展示平台的三维服饰模型、历史资料等内容，帮助学生直观地了解黎族服饰背后的文化与工艺。平台可应用文化展览场景，在文化博物馆、艺术展厅等公共场所，提供互动式展示设备，让参观者通过平台直接体验虚拟试穿、三维模型等功能，以此来提升参观者的参观体验。

二、依托虚拟现实技术复原黎族传统服饰文化

依托虚拟现实技术复原黎族传统服饰文化可从三个方面入手：数据收集与处理、虚拟复原建模、多场景应用推广。

首先，数据收集与处理是虚拟现实复原的基础，可对黎族传统服饰图案、纹样、材料、色彩、工艺流程进行详细采集，包括高分辨率的图片、服饰样本的三维扫描、制作过程的高清视频等。对传统服饰历史背景、社会习俗、文化意义等进行深入挖掘记录，以此来确保复原的内容不仅能具象化呈现服饰的视觉形象，还能体现服饰背后的文化内涵。在数据处理上，可利用人工智能算法进行图像清晰度优化、色彩还原、纹样提取等操作，从而确保虚拟现实系统中的服饰细节能逼真呈现。

其次，在数据收集好后，虚拟复原建模是实现黎族服饰数字化展示的核心。为确保模型的精确性，需对传统服饰的纹样、结构、质感进行三维建模，通过专业的建模软件如玛雅（Maya）、3Ds Max等构建出符合实际尺寸的数字化服饰模型。在纹样处理上，可利用纹理贴图技术，将黎族服饰特有的图案以高分辨率贴图的形式覆盖在三维模型表面，真实还原其精细度和质感。为提升服饰动态表现力，还可采用布料模拟算法，模拟真实布料的垂坠感、流动性，实现穿着动态效果。在颜色还原上，可根据传统染料的色彩特点进行数字化调色，使虚拟模型色彩更加接近实物。为确保模型真实度，还可引入光影效果，通过实时渲染技术使虚拟服饰在不同角度下展示出丰富的层次感。

最后，在多场景应用推广层面，可将虚拟现实复原成果引入不同的实际应用场景中。教育领域可通过VR设备展示黎族传统服饰，让学生身临其境地了解黎族服饰的工艺与艺术美学。文旅产业可在博物馆、文化展览中设置虚拟现实体验区，通过VR设备让游客"穿上"黎族传统服饰，以沉浸式体验感受其文化内涵。在商业推广上，可通过电商平台结合AR技术，提供虚拟试穿

功能，让用户在购买前体验服饰的整体效果，增强消费者的购买兴趣。也可将虚拟复原的黎族服饰引入社交媒体，支持用户在虚拟平台上拍照分享，吸引更多关注及拓宽文化传播渠道。通过虚拟现实的多渠道应用，能使黎族传统服饰的文化内涵得到高质量传播，进一步推动其数字化传承与保护。

三、利用区块链技术保护黎族技艺知识产权

利用区块链技术保护黎族技艺知识产权，可通过构建基于区块链的知识产权存证平台、实施智能合约保护机制、多方协作的分布式管理体系实现。

一是构建知识产权存证平台，该平台主要通过区块链技术，将黎族传统技艺的创作内容、设计元素、技法流程等知识产权信息数字化存储在区块链上，以实现全流程的上链存证，确保每项作品从创作到使用的所有信息记录均透明、不可篡改。存证平台可以区块链分布式账本为基础，将每项知识产权确权、流转等信息以加密形式存储在链上，利用时间戳技术确保上传数据的唯一性与溯源性，从而规避后期的权属纠纷。平台还可将技艺的创作人、创作时间、具体描述等关键内容上链，使作品从最初生成到授权使用的每个环节都有全程记录，从而确保技艺作品的完整权属链条可追溯。在技术实现上，平台可通过共识机制、加密算法保障链上信息的安全性与可信度，避免伪造、篡改情况的发生，在作品流转、授权过程中，通过多方节点的共识验证确保信息真实性。存证平台可集成智能合约功能，以自动化方式实现作品授权、收益分配等管理操作。例如，在授权条款达成后，智能合约可根据事先约定自动生成权益证明，从而减少人为操作的成本与错误，确保收益自动分配到相关创作者或文化保护基金账户中。平台也需支持多方数据访问权限设置，以便文化机构、艺术家、商业合作方等相关利益主体在获取必要信息的同时保护数据隐私，以此来推动黎族技艺的知识产权保护在数字化环境中的长期、有效运行。

二是实施智能合约保护机制，基于数字化背景下，通过智能合约的自动化、透明化特性实现知识产权的高效保护。智能合约可将每项黎族服饰设计、技艺传承信息写入代码，通过区块链实现不可篡改存证。在智能合约中可预设授权条款，确保每项黎族技艺作品在使用前通过合约获得创作者或持有者的授权许可，自动化地完成使用协议。智能合约还可实现对收益分配的自动

化管理，将合约中预设的分成规则嵌入代码，一旦触发合约条件，收益即可按预设比例分配到各利益相关方的账户中，从而确保创作者与传承人的权利得以被保护。通过链上智能合约还可以记录作品使用、流转情况，每次使用行为都将生成一笔不可篡改的记录，从而实现作品流转的全程可追溯。合约还能针对非商业、商业使用情境进行不同设置，避免无偿使用场景下的版权纠纷。智能合约还支持时间条件设置。例如，在授权到期后，合约自动终止，作品回归到创作者手中，从而确保作品不会被过度使用。智能合约保护机制在保障知识产权的过程中，还能通过平台应用程序编程接口（API）与其他平台实现数据联通，使黎族技艺获得较多的展示渠道，确保每一次曝光、使用都在合规前提下进行。智能合约在保护黎族文化知识产权上的应用，不仅可提升技艺作品的安全性与可信度，还能实现收益分配的公正透明，有助于海南黎族文化在国际市场中的推广与长效保护。

三是构建多方协作的分布式管理体系对海南黎族服饰文化与传统技艺的发展具有重要意义。分布式管理体系强调通过整合政府、企业、文化机构、教育单位、黎族社区等多方力量，形成协同创新的文化保护网络。政府部门可作为指导主体，负责制定相关政策法规，提供技术支持、资金资助，并建立保护与发展黎族服饰文化的制度框架。企业可利用自身资源与市场化渠道，通过参与服饰品牌建设、文化创意产品开发等方式，从而推动黎族服饰的市场转化，使传统技艺在现代市场中占有一席之地。文化机构可借助其研究、推广职能，将黎族技艺的历史、文化、艺术价值系统化地传播给更广泛的受众，以此来确保文化传承的全面性与可持续性。教育机构需加强对黎族技艺传承人的培养，通过设立相关专业课程、开展技艺传习活动及与黎族社区建立实践基地等措施，使年轻一代能深度学习并掌握黎族服饰的传统工艺。黎族社区作为技艺传承的直接主体，通过参与管理体系，可直接地将其文化理念与实践需求纳入决策层，确保文化保护的本土性、真实性。分布式管理体系还可通过区块链等新兴技术加强合作记录、协作透明度，各方在分布式平台中实现有效沟通、协同决策，使每一个环节、每一位参与者的贡献都得到确认，从而形成一个集保护、传承、推广为一体的立体式支持系统。

第二节

完善文创产业发展机制，促进文化旅游与文化产品开发

一、建设黎族特色文化产业园区

（一）选址规划与资源整合

园区设施与功能规划需立足黎族文化特色与现代文创产业的需求，以满足多样化的游客体验与文化传播需求。园区可设立黎族文化展示馆，集中展示黎族服饰、编织、雕刻等传统技艺，结合现代展陈技术，如数字屏幕、沉浸式投影等，使观众能全方位了解黎族文化的精髓。展示馆还可设有互动区域，提供传统织布、刺绣等体验项目，让游客参与实践，感受黎族文化的独特工艺魅力。园区内需规划文创产品开发中心，作为传统技艺与现代设计结合的平台，集设计、研发、展示与销售功能于一体。文创中心可提供工坊空间，吸引设计师、手工艺人入驻，进行黎族服饰、工艺品的创新设计，定期举办手作市集、文创展览等活动，将黎族传统文化元素融入现代生活。通过对文创产品的设计与销售，可将黎族文化带入更广泛的市场，增强其经济价值与文化传播力。园区内需配备多功能会议和活动空间，以便承办技艺交流、学术研讨、文化讲座等活动，促进黎族文化的深入交流与创新发展。活动空间可通过举办大型黎族文化节、技艺竞赛等，吸引国内外文化爱好者、学者参与，使园区成为黎族文化交流的重要平台。园区还可建设一个生态体验区，通过原生态的建筑风格、环境设计，使游客沉浸在具有黎族风情的自然环境中。生态区可种植黎族传统植物，设立小型农田，让游客亲身体验黎族农耕文化。园区需规划餐饮和住宿区域，以黎族传统风味美食、特色住宿形式为

亮点，使游客在文化游览的过程中享受完整的度假体验。

（二）产业链上下游联动发展

产业链上下游联动发展是推动黎族文化产业化、提升产业价值链的关键举措。

首先，可通过建立生产、设计联动机制，将黎族服饰、工艺品的传统技艺与现代设计相结合，以创意提升产品的市场竞争力。例如，可成立专门的产品设计研发中心，吸引设计师、手工艺人共同参与产品开发，在保留黎族文化元素的过程中，满足当代消费者的审美需求。

其次，搭建原材料采购、生产供应链，集中整合黎族服饰所需的天然材料，如棉、麻、木材等，鼓励本地种植加工，以保障高质量的原材料供应，在生产过程中减少对环境的影响。这种原材料的本地化生产不仅能促进当地经济，还可确保产品的传统属性。

再次，在销售渠道方面，可通过线上线下联动模式推广黎族文化产品。在当地建立销售实体店，打造特色黎族文化集市、展示空间，为游客提供直观体验的机会。通过电子商务平台拓展线上销售，开发适合年轻消费者的数字化营销方式。例如，直播带货、短视频推广等，将产品推广至全国、海外市场。

最后，通过打造上下游协作平台，实现全产业链的信息共享与数据分析，增强各环节的协同效率。平台可实时跟踪产品的库存、销售数据等信息，为生产计划、市场需求提供决策支持，以此来提升整体产业链的反应速度。通过产业链上下游的联动发展，不仅能提升黎族服饰文化的经济价值，还能促进黎族文化在多层次市场上的可持续发展。

（三）黎族文化创意孵化基地搭建

黎族文化创意孵化基地搭建可从多维度入手，以支持黎族服饰文化与传统技艺的创新发展。

首先，孵化基地建设主要包含设立创意工作坊、展览区、合作办公空间、培训教室和小型生产工厂，为设计师、手工艺人、艺术家等提供多功能的创作与展示空间。

其次，孵化基地可设立专门的资源对接平台，汇聚黎族服饰原材料供应商、工艺传承人、文化学者、现代设计师等，以此来实现传统文化与创意产业的深度融合。该平台可通过资源共享、技术咨询、数据分析等形式，为参与者提供有效支持，尤其是在原材料采购、工艺技术改进上，通过专业指导与数据支持，提升创意产品的制作效率与品质。

最后，为激发创新活力，孵化基地可引入合作机制，邀请国内外的创意团队或个人驻场交流，促进跨文化对话与技艺创新。可通过设立开放日、主题交流会、技艺工作坊等活动，增强设计师、手工艺人、消费者的互动，从而推动黎族技艺的多元化发展。孵化基地可设立创意孵化基金，以吸引社会资本的投入，支持具有潜力的黎族文化创意项目。孵化基金可通过项目投资、奖励资助等方式，鼓励创新作品的市场化和规模化发展。

二、开发黎族文化特色的精品民宿与旅游线路

（一）黎族文化主题精品民宿的设计与建设

黎族文化主题精品民宿的设计与建设需注重民族文化的呈现与现代舒适度的结合，打造出既富有文化底蕴又适应现代生活的空间。

首先，在设计理念上，以黎族独特的服饰纹样、编织工艺、自然崇拜符号为设计核心，通过巧妙的空间布局、细节装饰，将黎族文化元素融入建筑风格中，以此来形成具有黎族特色的文化氛围。

其次，建筑材料可优先选用竹木、石材等自然材料，既符合黎族传统民居的生态理念，又能与当地自然环境相协调，凸显绿色环保的特性。建筑结构可参考黎族传统干栏式民居，以通风性良好的架空设计适应当地气候特点，从而确保室内的现代舒适性。在室内装饰方面，可应用黎族传统工艺品织锦作为点缀，利用具有民族特色的家具、布艺提升文化体验。

最后，为丰富游客的互动体验，可设立手工体验区，提供织锦、编织等黎族传统技艺的现场体验项目，使游客在入住期间能真正参与黎族文化之中。总体而言，黎族文化主题精品民宿设计不仅需要在外观上凸显黎族文化之美，还需具备高度的实用性、参与感，从而满足现代游客对于文化深度体验的需求。

（二）黎族文化风情深度游线路策划与推广

黎族文化风情深度游线路的策划与推广要整合黎族的传统文化、自然风景、民族风情，打造富有地域特色与深度体验的旅游线路。

首先，在线路策划上，可将黎族聚居地的独特文化资源，如黎锦织造、传统手工艺、文面习俗等纳入体验项目，使游客能深入了解黎族的传统技艺与生活方式。结合黎族节庆活动，如三月三等，设计定制化的参与项目，让游客在特定时间体验原汁原味的黎族庆典。

其次，可利用当地的自然资源，结合热带雨林、五指山等自然景观，规划徒步、露营等活动，使游客不仅能欣赏自然风光，还能在自然与文化的交融中感受黎族的生活方式。线路中的住宿、餐饮等设施可采用黎族特色的建筑和饮食元素，例如民宿使用黎族传统材料建造，餐饮提供当地特色美食，以便游客更深入地融入黎族的生活环境。

最后，在推广方面，可通过线上线下双渠道展开，在线上通过社交媒体、旅行平台和短视频平台展示线路亮点，并与旅行达人、博主合作，提高知名度；在线下与当地旅游机构合作，利用展会、宣传活动吸引更多游客。通过系统化的策划推广，将黎族文化风情深度游打造成为具有吸引力、影响力的文化旅游项目。

（三）黎族生态文化与自然景观相结合的旅游开发

黎族生态文化与自然景观结合的旅游开发需基于对黎族传统生态观念的尊重，融入现代可持续发展的旅游理念，以展现黎族人与自然和谐共生的生活方式。

首先，在景区选址上，可优先选择原生态的自然资源区域，如五指山、吊罗山等热带雨林地带，将黎族文化传统元素与丰富的自然景观相结合。此类景区内可设立文化展示区域，展示黎族对植物的利用、狩猎工具、栖居模式等生态文化，让游客在自然中体验黎族的生活方式。

其次，在景区规划中，要注重保持自然环境的原貌，避免过度开发，景区设施宜选用环保材料建造，以低影响、轻介入的方式规划游览线路和观景台，以减轻人流对环境的影响。还可以推出生态体验项目，如黎族植物识别、雨林探索等活动，讲解黎族文化中植物在医药、编织、食用等方面的应用，帮助游客加深对当地生态与黎族文化的理解。在推广方面，可将黎族生态文化与自然景观融合的旅游项目通过社交媒体、专业旅游平台等线上渠道进行推广，吸引环保意识较高的群体。

最后，可推出特色文化生态游，鼓励深度游爱好者以负责任的态度体验黎族文化和自然景观。通过生态文化与自然景观的结合，不仅能促进当地经济发展，还能提升黎族文化的传播效果，实现文化保护与生态旅游的双重收益。

（四）黎族文化乡村度假与研学线路设计

黎族文化乡村度假与研学线路设计旨在将黎族丰富的文化传统与现代乡村旅游、教育相结合，从而为游客提供深度体验。

首先，可将保留黎族文化原貌、生态环境良好的村落作为主要线路节点，如五指山周边的黎族村寨，结合黎族传统民居、农田、手工艺作坊等资源，设立多个体验站点。游客在每个站点都可以参与手工编织、黎族美食制作、传统农耕等活动，从而更真实地感受黎族的日常生活。

其次，在度假项目中，可设立亲近自然的露营区域与文化展示区域，以黎族民俗为核心，搭建传统村落式的民宿和露营地。游客可在黎族村民的引导下，体验黎族日常起居、节庆活动、篝火晚会等特色活动，从而深度融入黎族乡村生活。

在研学线路设计上，需针对不同年龄段的学生制定主题内容，如文化探索、手工艺品制作、植物观察等课程，通过与当地学校、文化机构合作，安排专业讲解员和导师，为学生提供有深度的教育体验。为增强项目的推广效果，可与研学旅行公司、教育平台合作，将此类研学旅游线路列为长期合作项目，结合网络平台、社交媒体进行宣传，打造具有独特民族魅力的乡村度假与教育线路，推动黎族文化的传承与创新。这种模式不仅能为黎族村落带来经济效益，还能增强社会对黎族文化的了解。

三、促进黎族传统工艺品的品牌化与市场化

（一）精准定位黎族工艺品品牌发展目标

精准定位黎族工艺品的品牌发展目标，需深入挖掘文化内涵、满足市场

需求，并实现品牌差异化。

首先，从黎族文化独特的艺术元素入手，提炼黎族工艺品的核心价值，包括传统图腾纹饰、技艺特色、独特的色彩搭配，将其塑造为具有深厚文化底蕴的品牌。通过精准文化定位，可形成独一无二的民族标志，增强工艺品的品牌记忆点。

其次，细分市场需求是品牌成功的关键。基于市场调研、消费趋势分析、大数据工具，了解目标消费群体的喜好、购买力、动机。针对年轻消费群体，可突出产品设计感、实用性、文化附加值；对文化爱好者与高端消费群体，需强调产品的艺术性、文化历史价值和独特性。市场的竞争环境也要求品牌在定位上实现差异化，在面临相似民族文化产品的市场时，黎族工艺品可通过强调手工工艺的独特性、天然材料的环保属性及制作工序的高标准等差异化特征，形成对市场的独特吸引力。

最后，品牌定位需兼顾产品线的多元化，例如将黎族传统技艺融入现代生活用品、家居装饰、时尚配件中，丰富产品的市场适应性。通过文化定位、市场细分、差异化设计的综合定位，精准设立品牌发展目标，使黎族工艺品品牌在兼具文化传承与市场竞争力的同时，吸引广泛的消费群体，逐步成为具有较高市场认知度与文化影响力的民族品牌。

（二）打造沉浸式品牌体验与文化展示空间

打造沉浸式品牌体验与文化展示空间，既是推动黎族传统工艺品品牌化的重要手段，也是实现文化与商业深度融合的有效路径。

首先，可选址于文化底蕴浓厚的区域或人流集中的商业街区，以便吸引更多潜在消费者。展示空间需注重黎族文化的整体营造，运用黎族特色元素如竹编、木雕、手工织锦等材料装饰，形成具有民族特色的环境氛围。

其次，展示空间内的设计要充分运用多媒体、互动技术，搭建体验区域，让观众在沉浸式氛围中感受黎族文化。例如，通过虚拟现实技术（VR）呈现黎族传统工艺的制作过程，也可以利用增强现实技术（AR），将黎族服饰的图案进行动态展示，使观众直观感受到产品的文化背景。展示空间可增设手工艺体验区，邀请黎族工艺师现场演示编织、刺绣等技艺，或开展短期手作工坊，给消费者提供亲身体验的机会，直接参与的方式有助于增强文化认同与品牌忠诚度。

最后，还可设置互动拍照区，以传统黎族服装、饰品为背景，消费者可身穿民族服饰体验拍照，将品牌体验转化为社交分享的内容，从而增强线上传播效果。在整体空间布局上，可按产品类别和主题分区，如生活用品、装饰品、服饰配件等，通过丰富多样的产品陈列、空间布局，将黎族文化的多样性与深厚底蕴传递给观众。通过多感官、全方位的沉浸式体验，消费者在购买产品的过程中能够深入了解其文化内涵，增强品牌认同感，实现品牌推广和文化传播的双重目标。

（三）建立黎族工艺品质量标准与品牌认证体系

建立黎族工艺品质量标准与品牌认证体系是推动黎族传统工艺品规范化、品牌化的关键举措，有助于保障产品质量、提升市场信任度与品牌价值。

首先，针对黎族传统工艺品的多样性，可组织专家团队深入研究黎族工艺的特色，制定详细的质量标准，包括材质、制作工艺、纹饰、色彩等方面的要求，以确保工艺品的原真性与文化完整性。例如，在竹编、木雕、手工织锦等不同类别的工艺品中分别规定具体标准，明确工艺流程中的核心环节与品质要求。

其次，品牌认证体系可引入第三方权威认证机构，与地方文化部门、行业协会合作，建立统一的认证流程，对每件产品进行严格审查，确保符合质量标准。认证通过产品可附加官方认证标签，标签上需包含黎族文化标志与防伪编码，消费者可通过扫描二维码查询产品的生产信息、工艺流程等详细信息，以此来提升产品的透明度与可信度。

再次，为推动黎族工艺品在更大的范围内传播，需设立定期的质量抽检机制，以此来确保市场上流通的黎族工艺品符合标准，并设立举报、反馈渠道，对不合规产品进行追溯处理。品牌认证体系的建立还可推动品牌发展，通过对符合标准的工艺品进行品牌授权，引导工匠、企业加入统一品牌体系，从而提升品牌影响力与市场竞争力。

最后，为提升品牌认证的公信力，还可争取国际手工艺认证机构的合作，取得国际认可的工艺品质量认证，使黎族工艺品更具全球市场的竞争力。建立完善的质量标准和品牌认证体系不仅有助于保护与传承黎族传统工艺，还能推动工艺品的品牌化、市场化，促进民族文化的长远发展。

四、打造黎族文化主题文创产品集市和市集活动

（一）设计富有黎族文化特色的市集空间布局

设计富有黎族文化特色的市集空间布局需要从整体风格、区域划分、装饰细节等方面融合黎族文化，打造具有独特民族风情的沉浸式体验空间。

首先，市集整体建筑设计需参考黎族传统建筑风格，利用竹木结构、茅草屋顶、石板小道等，将自然材料与黎族传统技艺相结合，既营造出原生态的民族气息，又体现出独特的地域特征。通过分区设置，将市集划分为手工艺区、食品区、文化展示区、表演互动区等，以此来确保游客可沿着路线顺畅地游览市集的各个角落。

其次，在空间布局上采用开放式设计，形成连贯的流动空间，方便游客参与和互动。手工艺区可采用围合式摊位布局，为每个摊位保留足够的展示、互动空间，让游客能近距离欣赏黎锦、陶艺等技艺的制作过程。食品区可设置在市集的中心或一侧，通过半开放式的美食摊位展示黎族特色小吃，规划出宽敞的就餐区，便于游客在享受美食的同时观赏市集表演。

最后，为营造浓厚的民族氛围，在市集入口与重要节点设置黎族文化主题装饰，如图腾柱、雕刻石碑等，形成醒目的视觉引导。在装饰上使用黎族特有的织锦图案与丰富的民族色彩，以彩旗、挂毯、编织饰品等装点摊位、墙面，强化空间的文化特色。还可在市集各区间设置休息区域、小型拍照打卡点，为游客提供休息和互动空间，从而形成具有传播力的社交媒体传播热点，吸引游客前来体验。

（二）开展黎族手工艺互动体验活动

开展黎族手工艺互动体验活动可从活动内容、场地布置、体验环节设计、宣传推广等方面入手，以吸引游客深度参与，感受黎族传统技艺的魅力。

首先，活动内容可选择具有代表性的黎族传统工艺，如黎锦织造、竹编、陶艺和草编等，挑选适合体验的技艺进行展示教学；通过邀请当地手工艺匠人进行现场指导，游客可在专业指导下动手制作，感受传统技艺的魅力。

其次，活动场地布置需贴合黎族风格，可使用竹木材料搭建摊位、座椅，增设黎族织锦、传统工具展示柜等，形成独特的文化氛围。每个体验区域需

保持足够的操作空间与设备摆放位置，以确保活动的有序进行。在体验环节设计上，可将手工艺过程分解为多个步骤，安排游客在不同步骤中亲自动手，循序渐进地完成作品。例如在黎锦编织中，可让游客挑选织线和花样，指导他们在织布机上进行简单的编织；竹编、草编等技艺可让游客完成简单的杯垫或饰品；陶艺体验可设置基础的捏泥、拉坯、上色环节，让游客能完成一件小型陶器。

最后，为增强活动的趣味性、吸引力，可定期举办手工艺作品评比，激励游客制作出创意作品。例如，可让游客将自己的成果作为纪念带回家，以此来增加活动的吸引力；在宣传推广方面，既可通过社交媒体、市集的官方网站进行活动预告，吸引更多人关注参与，也可与当地旅游机构合作，将手工艺体验活动纳入旅游推荐项目，在扩大活动参与范围的同时，提高影响力。

（三）引入地方特色美食与民俗表演

引入地方特色美食与民俗表演可从美食展示、表演策划、场地设计、互动体验四方面入手，以打造沉浸式文化体验，从而增强游客对黎族文化的认同。

首先，美食展示可精选具有黎族特色的传统美食，如黎族竹筒饭、椰汁炖品、山栏酒等，设置品尝与购买区域，方便游客体验、选购。引入当地食材、手工制作环节，如展示竹筒饭制作过程，让游客深入了解黎族饮食文化的独特性、天然健康的饮食理念。

其次，需确保食品安全、卫生条件，提升游客美食体验感。在民俗表演策划方面，可邀请黎族歌舞团体或当地表演艺术家进行具有民族特色的舞蹈、乐器演奏、祭祀仪式展示等，以动态演出为游客展现黎族的生活习俗和传统艺术。如安排《打柴舞》等民族舞蹈表演，并结合黎族乐器如鼻箫、竹鼓等现场演奏，生动再现黎族的节庆与社交场景。

再次，在表演时间安排上，合理分配市集开放时间，不同表演在各时段轮流上演，使游客随时都能感受到民俗文化的震撼。场地设计需考虑美食区、表演区的合理分布，为表演区设计主舞台，确保每个角落的游客都能观看演出。周围布置带有黎族特色的装饰，如竹编灯笼、黎锦织物等，营造浓厚的文化氛围。

最后，需保持美食区的通畅，让游客能一边享受美食一边观看演出。可设置互动体验环节，让游客参与民俗活动中，如舞蹈教练现场教授黎族舞蹈基本步伐，或邀请游客尝试吹奏鼻箫等乐器，以此来增加游客与表演者的互动，增强游客体验感。为提升活动影响力，还可通过社交媒体实时直播，让更多人参与黎族文化活动。通过美食与表演的结合，游客不仅能品尝到地道的黎族美味，还能在民俗活动中深入感受黎族独特的文化魅力。

（四）组织黎族文化创意产品展览与销售

组织黎族文化创意产品展览与销售，可从展览主题策划、产品筛选、展览空间设计、销售渠道拓展四方面着手，打造具有商业价值、文化吸引力的展会。

首先，在展览主题策划上，可围绕黎族文化内涵、独特元素设置主题，以凸显文化特色，如"黎族传统技艺精粹""黎锦之美""黎族生活器物与现代设计"等主题，通过不同侧重点展现黎族文化魅力，吸引游客、买家的关注。

其次，产品筛选须严格，要精选具有文化价值且兼具实用性、艺术性的黎族工艺品，包括黎锦织物、竹木器具、陶器等手工艺品，确保展品能全方位展现黎族手工艺的精髓和创新力。产品挑选过程注重品质把控、风格多样性，既要符合黎族传统的文化特色，又要满足不同消费者的审美与使用需求。

再次，在展览空间设计方面，可围绕主题打造场景化空间，增强展示效果。例如，可将展区划分为"传统手工艺""现代创新""体验互动"三个部分，以动态设计引导观众深入参观。空间内装饰应富有黎族风情，如用黎锦布料、竹编装饰展台，用手工编织灯具营造温馨氛围，从而增强观众的文化沉浸感。

最后，在销售渠道拓展方面，可开展线上线下双渠道。线上建立电商平台或与社交媒体电商合作，扩大宣传与销售范围，使观众即使在展览结束后仍可购买；线下结合市集活动，可设立购买区或在场外临时搭建销售窗口，满足游客现场购买的需求。也可借助直播带货等方式提升线上曝光率，让更多人通过网络了解和购买黎族文化产品。通过展览与销售结合，既可以推广黎族文化，又可以为当地手工艺人开拓新市场。

（五）建立线上线下联动的文创集市推广平台

建立线上线下联动的文创集市推广平台，可通过整合数字技术、构建社交媒体矩阵、线上商城开发、线下活动联动四个步骤来实现，以此来提升黎族文创产品的知名度与市场影响力。

首先，可整合数字技术，创建一个线上推广平台，集成信息发布、直播互动、产品展示与购买等功能，方便用户通过多终端浏览和选购。利用小程序、微商城和移动端软件（App），打造流畅的线上购物体验，为用户提供便捷的购买渠道，并支持实时更新市集活动信息、产品上新、销售情况等内容。

其次，可构建社交媒体矩阵，通过微信、抖音、微博等平台发布黎族文化、文创产品的推广内容。定期发布图文、短视频内容，以黎族的手工艺品、独特的设计灵感、手工技艺为主题，持续输出优质内容，也可与相关话题和流行趋势相结合，提升内容的曝光率。可通过社交媒体直播带货，与线下活动同步进行，带动线上销售热潮。

再次，进行线上商城并与线下市集活动对接，可将线上商城作为主要销售渠道，并提供产品详细介绍、用户评价、工艺制作视频等内容，让消费者全面了解黎族文创产品的价值。商城可与线下展会和市集联动，设置优惠券、限时折扣等活动，激励消费者线上购买，推动社交平台的二次传播。例如，可增加预订服务，方便用户在线预约体验项目，为有意向的客户或批量采购商提供专属服务。

最后，线上线下活动联动也十分关键，可组织主题直播、在线互动问答等活动，为用户提供虚拟参观体验，通过导览员、工匠讲解黎族文化，带领用户"云游"市集，以此来增加用户黏性。在线下活动期间，可以设置扫码进入线上商城的方式，激活场内外用户资源。通过线上线下双向联动，不仅能提升黎族文化的传播力与品牌价值，也能为文创产品集市提供持续的流量支持与客户积累，实现文化推广与商业转化的双赢。

完善黎族服饰文化育人体系，
制订综合文化遗产教育计划

一、构建黎族服饰文化教育体系

（一）制定课程大纲与教材开发

制定黎族服饰文化课程大纲与教材开发，可从系统规划到具体实施，确保课程内容的丰富性、实用性、适应性。

首先，可建立由黎族文化学者、教育专家、工艺传承人组成的专业委员会，共同制定课程大纲，明确课程核心内容和教育目标。大纲需涵盖黎族服饰的起源与演变、纹样图案象征意义、服饰工艺、染织技法等基本模块，形成从基础到深入的知识体系。根据不同的教育阶段，分层次编写适应小学、初高中、大学的教材内容，保证教材内容的逐渐递进与全面覆盖。开发团队需注重课程内容的文化价值传达，确保黎族文化的核心理念能传递给学生。

其次，教材开发需采用多元素材，主要包括传统服饰图样、工艺流程图解、历史图鉴等，以图文并茂的形式呈现文化精髓，增强教材吸引力和实用性。在编写过程中可将现代教育技术融入其中，从而增添配套的多媒体资源，如视频记录黎族手工艺制作的全过程，或提供在线图像资料库供学生学习，从而以多感官形式激发学生对黎族文化的兴趣。

最后，开发完成后，教育部门可组织一线教师、文化研究者等进行教学试点，对教材内容、编排进行调整与完善，以确保课程适应性、保证教学效果。在推广层面，通过建立线上共享平台、教学资源库，教师、学生能获取数字化资源，扩大教材的应用范围。从而为黎族服饰文化课程的开发、推广和选代更新提供长期保障，推动教育系统中黎族文化传承的深入和有效落实。

（二）引入多元化教学方法与工具

引入多元化教学方法与工具，以增强黎族服饰文化课程吸引力与实际教学效果，可在教学设计、资源应用、互动参与上实现创新。

首先，在教学方法上，可采用互动式、体验式教学，避免传统单一讲解。可结合项目式学习法，引导学生深入探究黎族服饰文化的各个方面，如组织学生团队研究黎族服饰的纹样符号，完成小组展示，或开展设计现代与传统结合的黎族服饰项目，让学生在实践中理解文化内涵。对年长学生，可使用问题引导式教学，提出开放性问题，如"黎族服饰工艺如何适应现代需求"，让学生通过自主学习和讨论探索答案，加深文化理解。

其次，在资源应用上，可结合信息技术，使用丰富的多媒体资源，如虚拟现实（VR）、增强现实（AR）等技术，让学生"置身"于黎族服饰制作与使用的真实场景中。通过VR体验，学生可观察服饰的制作细节，了解不同工艺步骤；AR技术可用于展示传统服饰的多层次结构，通过互动演示其穿戴方法。还可利用在线教学平台提供视频讲解、3D模型展示、工艺流程视频等数字资源，使学生能自主学习并反复观看，帮助其更好地理解课程内容。对实地操作，可配备织布机、染布材料等实践工具，让学生亲身参与纺织、染色等过程，从而增强动手能力与理解能力。

再次，在课堂之外，可通过线上讨论、主题任务等方式，让学生在课余时间持续交流、展示学习成果。构建在线学习社区，学生可在社区中分享自己完成的手工作品或对黎族文化的理解心得，也可在教师指导下开展线上知识问答、挑战活动，从而提高学习的趣味性。

最后，需注重教学评估反馈，收集学生对不同教学方法、工具的反馈数据，进行持续优化，从而确保多元化教学方式为学生理解黎族服饰文化提供有效帮助，以此来实现文化教育的实践性。

（三）加强本地教师培训与文化认知

加强本地教师培训与文化认知，可制订系统性的培训计划、提供多样化的学习资源，注重实践能力的培养。

首先，可制订专门针对黎族服饰文化的教师培训计划，内容应包括黎族历史、文化背景、服饰工艺、符号寓意等，以确保教师能够深入理解并准确传达黎族服饰文化的核心内涵。培训可分阶段进行，包括入门课程、进阶研修和定期的知识更新，通过多层次学习提升教师的专业素养。在培训形式上，可采用集中授课与远程教学相结合的方式，方便偏远地区教师参与，确保全覆盖。

　　其次，为丰富学习资源，可建设包括文本资料、图像档案、视频教程等的多媒体资料库，供教师随时查阅。资料库中可包含由文化专家、黎族工艺师拍摄的实际操作视频，详解黎族服饰的织布、刺绣、染色等关键工艺步骤，便于教师准确掌握传统技艺的细节。例如可定期邀请黎族服饰文化领域的学者或手工艺传承人开设讲座和研讨会，让教师有机会直接学习并互动，从而增强教师的文化认知与专业技能。

　　再次，实践能力提升对教师的文化认知十分重要，在教师培训中可安排实际操作的环节。通过亲身参与手工技艺的制作过程，如染色、刺绣等，教师可深入地体会黎族文化的传承价值。学校与当地文化机构可合作建立"文化体验基地"，组织教师在假期深入黎族村落考察，与当地工匠一同学习，从而加深对服饰文化的理解。并将这些实践经验转化为教学案例、课堂设计，为学生提供丰富的学习体验。

　　最后，在培训考核与反馈方面，可制定评估标准，涵盖文化知识、教学设计、工艺实践能力等多个维度，评估教师对黎族服饰文化的掌握程度。可设置反馈机制，通过收集教师的培训体验、建议，动态调整培训内容，不断优化培训质量，以确保教师能持续、深入地掌握黎族服饰文化的知识和技能，从而为文化教育传承提供坚实的支撑。

二、推动师徒制传承项目的实施

（一）建立手工艺传承师徒配对机制

　　建立手工艺传承师徒配对机制对保护传承黎族服饰文化与传统技艺具有关键作用。

　　首先，可通过文化部门与相关协会共同筛选技艺精湛且具备丰富经验的手工艺人作为师傅，确保其能系统传授技艺核心。对每位师傅的专业领域，例如刺绣、染布、编织等，需进行明确分类，以便有针对性地为其匹配适合的学徒。学徒选拔需考虑其兴趣、学习能力、传承意愿，优先选择具有较强学习意愿的本地年轻人，保证传承的连续性。

其次，在配对过程中，文化部门可提供支持机制，针对师徒双方的学习、教学进度进行跟踪和评估，及时调整配对安排，确保配对关系的稳定性与有效性。

最后，还需建立长期反馈系统，方便师徒在传承过程中反馈问题，以便文化部门根据传承进度、效果进行动态调整。通过科学合理的配对机制，手工艺传承能更有成效地展开，为黎族文化技艺的代际传承奠定稳固基础。

（二）优化师徒传承激励政策

优化师徒传承激励政策可从经济支持、社会认可、职业保障等多方面入手，以激励师傅传授技艺、学徒专注学习。

首先，可设立专项资金，对传承活动给予直接补贴，根据学徒的学习进度与师傅教学成果进行分阶段奖励，确保传承过程持续性。例如可建立荣誉表彰制度，对长期致力于技艺传承的师徒进行公开表彰，授予荣誉称号或颁发证书，并在文化活动中邀请他们展示技艺，通过社会认可增加其传承的自豪感与责任感。

其次，可将传承过程纳入技能等级评定，授予学徒相应的技艺等级证书，使其未来在就业市场具有高竞争力。为确保师傅教导稳定性，可为年长手工艺师傅提供养老金或医疗补助，解决其经济、健康顾虑，使其能安心从事传承工作。

最后，为学徒提供职业保障政策，通过与文化机构、旅游业、教育部门合作，拓宽就业渠道，确保其学成后有稳定的就业机会。通过全面优化师徒传承激励政策，不仅提升传承意愿，也有助于手工艺人将技艺深入传授，从而保障黎族文化在新一代中稳步延续。

（三）定期开展技艺传承交流与展示

定期开展技艺传承交流与展示活动可通过设立定期展示会、组织跨区域技艺交流、举办公开技艺展示、合作创新展览等方式，全面推动黎族技艺的传承与传播。

首先，每季度可举办一次黎族技艺展示会，邀请师徒参与，展示他们在技艺传承过程中的学习成果。展示会上可设置刺绣、编织、木雕等不同展区，分门别类展出学徒的学习进展与师傅的代表性作品，供参观者了解技艺传承的深厚文化底蕴。

其次，通过跨区域技艺交流活动，邀请来自不同黎族支系的师徒互相观摩交流，了解各支系技艺的独特性。以专题研讨会、实践工作坊等形式，结合理论讲解与实践操作，深化技艺认知，促进各支系技艺的互补和创新。

再次，可设置开放式技艺展示，每年在文化活动期间邀请师徒进行现场展示，通过手工技艺的实时演示，让观众直观地感受传统技艺的精妙，增进文化认知与认同感。为吸引更多年轻人参与，可借助直播平台将展示过程在线上同步传播，使其突破空间限制，扩大传播范围。

最后，与文化机构、博物馆等合作举办创新展览，将技艺传承与现代文化创意结合，打造"技艺新生"主题展，通过互动装置、数字展示等现代形式，激发更多人对黎族技艺的兴趣。这些交流展示活动不仅有助于学徒技艺水平提升与自信心增强，也能提升黎族技艺在社会公众中的影响力、认可度。

三、拓展社会教育与社区文化活动

（一）开展公众讲座与黎族文化工作坊

开展公众讲座与黎族文化工作坊可通过整合文化教育资源，向公众系统展示黎族文化的独特性与历史底蕴，提升社会对黎族传统文化的认知与认同。讲座活动可邀请黎族文化的非遗传承人、学者专家、手工艺匠人，通过主题演讲、文化分享、技艺展示等多种形式，向公众普及黎族传统服饰、手工艺技法、节庆习俗、民族传说等文化内容。讲座还可结合现代多媒体技术，如音视频影像、实物展示、VR技术等，增强讲解的视觉、互动效果，使内容更加生动具体，吸引观众的深层参与、激发其兴趣。对文化工作坊而言，活动内容可设计成以实践操作为主的体验课程，鼓励公众亲身参与黎族手工艺制作过程，如刺绣、编织、植物染色等工艺。工作坊课程可分为基础课程、高级课程，便于不同年龄与文化背景的参与者选择合适的内容，形成由浅入深的体验流程。工作坊可提供制作黎族特色文创小件的机会，例如制作带有黎族刺绣图案的布艺饰品、编织手环等，激发参与者的动手兴趣，增强互动性、纪念性。课程过程中，手工艺师可一对一或小组指导，解说技艺要点，帮助参与者在亲身实践中理解黎族传统手工艺的文化内涵。这种动手体验不仅能增强公众与黎族文化的情感联结，还能传播黎族文化中蕴含的自然哲学、工艺美学等深层理念。通过讲座、工作坊的有机结合，公众能从理论知识和实践操作两方面深入理解黎族文化的丰富性，从而吸引社会各界的关注与参与，使黎族文化传播方式多样化、趣味化，以此来建立长期、稳定的文化教育平台，为黎族文化的现代传承提供有力支持。

（二）设立文化遗产宣传点和体验区

设立文化遗产宣传点、体验区是推动黎族文化深入传播的关键举措，通过打造集文化展示、教育、互动于一体的体验空间，为公众提供沉浸式的文化感知平台。宣传点可设立在旅游景区、博物馆、文化中心等人流量较高的区域，通过多种形式展示黎族服饰、手工艺品、传统生活用具等实物，结合丰富图文、影像资料，直观呈现黎族文化的多样性、地域特征。宣传点可设有触摸屏、二维码等，观众可通过扫码进入相关网页或 App，获取详细的文化知识，提升互动性。宣传点设计需体现黎族服饰文化元素，利用竹、木、藤等天然材料进行装饰，并加入黎族图腾、纹饰等符号，营造出独特的文化氛围，使观众置身其中时自然产生认同感、好奇心。体验区以互动性为核心，围绕黎族文化的核心技艺与传统活动设计一系列实践项目，如黎锦织造、植物染色、刺绣、竹编等，让参与者在动手实践中感受黎族手工艺的精妙。为提高体验区的教学效果，可设立分步骤的操作指引，在现场安排专业手工艺师进行指导，帮助参与者掌握基础技能，了解每道工序背后的文化含义。体验区还可开设短期课程或定期活动，吸引深度爱好者持续参与，以形成长期的文化教育效应。为适应不同年龄层的需求，体验区可专设少儿体验区和青少年研学区，内容丰富且互动性强，增强青少年对黎族文化的认知。在宣传点与体验区的日常运维中，配备讲解员、志愿者实时解答观众的问题、讲解文化背景，适时推荐相关展品或活动项目。可借助体验区的活动收益、政府和企业的赞助资金，为这些设施提供持续的维护、更新。宣传点、体验区可结合季节或节庆，举办特色活动，例如在黎族传统节日里开展民族歌舞表演、黎族美食展等，以增加互动形式的多样性，让公众在不同场合中感受到黎族文化的活力与魅力。这种方式不仅能提升黎族文化的知名度，还能将其特色更广泛地融入人们的日常生活中。

（三）组织社区合作参与的文化活动

组织社区合作参与的文化活动是推动黎族文化传承、增强社区凝聚力的关键方式，通过多样化的活动形式，将社区居民与黎族文化连接起来，激发文化认同感。

首先，可定期举办以黎族文化为主题的社区活动，如传统手工艺坊、文化讲座、民俗表演等，让社区居民在互动中深入了解黎族的历史与习俗。这类活动可邀请黎族工艺师、文化学者、艺术家参与，带领居民动手体验黎锦编织、草木染色、竹编等传统工艺，使其在培养动手能力的过程中，增进对民族技艺的理解。文化讲座可以介绍黎族的服饰、建筑、节庆习俗等，帮助居民系统地了解黎族文化背景。

其次，社区可建立合作机制，通过与当地学校、文化团体、非政府组织等的合作，开展跨代共创的文化项目，如编写社区文化手册、拍摄文化纪录片等，以增强居民对黎族文化的共同认知与自豪感。这类项目能动员各年龄段的参与者，特别是鼓励年轻人作为志愿者加入项目，在与长者的交流中加深对文化的理解。例如，可建立定期的社区活动计划，例如每年举办一次"黎族文化节"，集中展示手工艺品、民族舞蹈、音乐等，让居民、游客能参与其中，通过亲身体验加深对黎族文化的记忆与认同。

再次，为促进社区参与的积极性，可设计多样化的互动形式。例如，在活动中增设文化知识竞赛、传统服饰试穿、民族乐器演奏等趣味环节，让参与者在轻松愉快的氛围中感受黎族文化的独特魅力。通过设置社区评比与奖励机制，激励社区内积极参与文化活动的个人、家庭。此举不仅能提高社区成员的参与热情，还能让文化活动更具仪式感、归属感，逐渐形成社区自发参与文化传承的氛围。

最后，为保证活动的长期持续性，社区可寻求政府的政策支持与企业的资金赞助，确保活动经费来源稳定。通过线上平台宣传活动成果，如社交媒体、社区微信公众号等，扩大影响范围，让社区居民、企业、外部资源支持黎族文化活动的持续开展。通过社区合作活动的持续组织优化，不仅能实现黎族文化的有效传播，也能在社区中培养对本土文化的认同感、保护意识，使黎族文化在现代社会中不断焕发新活力。

四、制订实践与研学教育计划

（一）开发学生专属的黎族文化研学实践项目

在开发学生专属的黎族文化研学实践项目时，首先需建立适合不同年龄段学生的课程内容框架，以保证学生能系统地接触、理解黎族文化的精髓。通过针对不同年龄兴趣点、认知能力，设计出从基础知识到深入体验的分级内容，确保内容由浅入深。其次，可结合黎族服饰、手工艺、民俗、自然资源等主题，设计多个实践项目。例如，服饰制作体验、手工艺品加工、民间音乐舞蹈等活动，均可让学生亲身体验文化中的独特技艺。实践项目应与当地自然生态紧密结合，通过生态导览、植物辨识等方式，将学生文化学习拓展到自然领域，增强他们对黎族生态文化的认知与保护意识。再次，为提升项目的可操作性，教育部门应做好顶层设计，将研学项目纳入学校课外活动、校外实践课程体系。通过与教师、教育专家共同研讨，明确项目的学习目标、课程标准、评估指标，以保证学生在每个研学阶段都有明确的学习收获。为保障项目趣味性，建议引入专业的文化导师或当地黎族文化传承人进行项目指导，让学生能借助导师解说、指导更好地理解黎族文化的背景内涵。在项目执行过程中可引入游戏化学习、竞赛机制，例如知识问答、技艺展示等方式，通过奖励机制激励学生参与，激发学习兴趣。最后，为增强研学项目推广，需定期组织项目的成效展示活动，鼓励学生通过照片、日记、绘画等方式展示研学收获，向家长、社区宣传黎族文化的独特价值。也可通过拍摄、制作宣传片，将学生实践过程与学习成果传播到更广泛的群体中，促进公众对黎族文化的关注与认同，从而推动文化的传承与保护。

（二）组织黎族文化主题游学及沉浸式体验活动

首先，可设计多样化的活动内容，涵盖黎族服饰、手工艺、音乐舞蹈、传统节庆等不同文化元素，以全方位展示黎族独特文化魅力。活动可按主题分为不同模块，如"黎锦织造体验""黎族乐器学习""黎族传统节庆互动"等，确保学生在游学过程中能从多维度感受到黎族文化的深厚内涵。例如，可将游学活动与黎族传统村落、民俗博物馆等实地参观结合起来，通过对实地景观、历史遗迹的探访，让学生在沉浸式体验中直接感受黎族文化的环境氛围。

其次，游学活动设计需注重互动性。可安排学生亲身参与传统技艺的制作，如织锦、陶艺、竹编等的制作，邀请黎族工艺师进行现场指导，使学生在动手实践中获得深度体验。可设置文化互动环节，如与当地居民同跳黎族舞蹈、学习黎语问候语、参与黎族节庆仪式等，使学生在与当地人的互动中了解黎族的日常生活与人文习俗。活动设计时要特别关注体验环节的文化尊重、仪式感，以确保学生在深入体验的过程中尊重当地文化习惯。

再次，为保证游学活动的知识性，可安排专业导览员与文化学者进行全程讲解，将黎族历史、神话传说、民间故事等融入讲解内容中，使学生在学习过程中对黎族文化背景进行深入的了解。为增强沉浸感，还可使用现代科技手段辅助体验，如在博物馆或文化展览区运用AR（增强现实）技术展示黎族服饰的演变、手工艺的制作过程等，使学生能直观地理解黎族文化的独特之处。

最后，活动结束时需组织学生进行体验分享与心得总结，通过图文记录、视频回顾等方式整理游学成果，促进学生自我反思与知识内化。可定期组织成果展示活动，邀请家长、公众参观学生的学习成果，从而在学生、家庭、社区之间形成文化认同的桥梁，以提高黎族文化的社会影响力。

参考文献

［1］范进钦.黎族缬染技艺在现代服饰设计中的创新应用［D］.海口：海南师范大学，2023.

［2］马丽丽.黎族织锦缬染技艺传承困境与对策［J］.民艺，2022（6）：49-51.

［3］吴蓓，张奕琦，周生力.论海南黎族缬染技艺及其传承推广［J］.艺术市场，2022（5）：106-108.

［4］雷佳欣，赵志美，麦琦，等.海南黎族藤编特征与传承创新路径［J］.世界竹藤通讯，2023，21（4）：82-87.

［5］王文静.海南黎族藤编艺术之工艺探微［J］.鞋类工艺与设计，2024，4（4）：191-193.

［6］李新宇，饶永.海南黎族织锦纹样设计再生与应用研究——以动物纹样为例［J］.设计，2021（11）：70-72.

［7］金蕾，陈建伟.黎族传统服饰的色彩内涵解读［J］.纺织学报，2015，36（10）：140-144.

［8］林开耀.黎族服饰及其文化内涵和价值的探析［J］.服饰导刊，2014，3（2）：24-31.

［9］周倜.海南黎族传统服饰纹样研究［D］.无锡：江南大学，2021.

［10］王翔宇，刘晓刚.黎族织锦纹样在服装设计中的应用［J］.西部皮革，2023，45（20）：140-143.

［11］王瑞莲.论黎族服饰与其历史进程的关系［J］.贵州民族学院学报（哲学社会科学版），2010（1）：37-40.

［12］谢军.试论黎族服饰与其宗教信仰、审美取向和人生观的关系［J］.艺术科技，2014，27（7）：77-79，81.

［13］蓝仕皇，邓颖颖.自贸港建设背景下海南黎族文化对外传播研究［J］.广西教育学院学报，2024（3）：135-140.

［14］田夜雨."在地性"视角下黎族服饰在文创产品中的应用研究［J］.西部

皮革，2024，46（16）：110–113.

［15］徐晓彤，胡瑞波.基于符号互动论的东方黎族服饰文化产业化发展研究［J］.美与时代（上），2024（6）：30–34.

［16］邢琳，周新宇，孔祥梅.黎族服饰方言间异同性及其现代审美性浅析［J］.西部皮革，2024，46（6）：98–102.

［17］徐慧玲.非遗课堂 非一般的有趣［N］.海南日报，2024–03–12（A08）.

［18］周新宇，邹磊.海南哈方言地区黎族服饰纹样研究及其创新设计应用［J］.文化创新比较研究，2024，8（3）：104–108.

［19］冯艺轩.黎族服饰图案的文化符号解析及其应用思路——以人纹和动物纹样为例［J］.西部皮革，2023，45（19）：84–87.

［20］邓喜洪.海南黎族服饰文化的现代传承与创新［J］.印染，2023，49（7）：100–101.

［21］马玲源，崔俊，曹春楠，等.黎族文身图样在现代服饰品设计中的应用研究［J］.轻纺工业与技术，2022，51（2）：107–109.

后 记

  本书通过多维度研究视角，系统探讨了海南黎族服饰文化及传统技艺的发展历史、文化内涵、传承保护、创新利用。作为黎族文化的关键组成部分，黎族服饰不仅具备浓厚的美学特征与实用功能，也是黎族族群文化认同的象征，反映着丰富的民俗信仰与独特的生活方式。书中通过翔实的历史文献、田野调研，解析了黎族服饰的起源与演变，从服饰种类、技艺特点、色彩符号等方面深入揭示了黎族服饰在地域性、民族性、文化性上的独特之处。书中详细探讨了织染、刺绣、编织等传统技艺，这些技艺的传承与创新既是对黎族文化的保留，也是黎族文化与现代文化相互交融的重要途径。

  在现代社会的快速变迁中，黎族传统技艺与服饰文化的传承面临着诸多挑战。本书基于对当前非物质文化遗产保护政策与相关教育推广的研究，指出了在保护传承黎族文化时需进行的多重考量，包括文化尊重、技艺传承模式创新，以及教育普及与社区参与的重要性。书中从地方社会生活的角度，阐述了黎族服饰在宗教信仰、审美取向等方面的深刻影响，体现着黎族服饰对个体身份、社会秩序、价值观念的塑造作用，揭示了黎族服饰作为文化符号在族群和谐与社区团结中的关键作用。

  随着文化全球化发展，黎族服饰文化在国际舞台上的影响逐渐扩大。书中讨论了黎族服饰在国际文化交流活动、展览与博览会中的展示形式及传播策略，分析了其在国际传播中面临的机遇与挑战。如何在保持民族特色的基础上，通过现代设计手段将黎族服饰文化推广至国际市场，是本书探讨的重要内容。本书指出，传统黎族服饰与现代时尚结合不仅可为黎族服饰带来新生命力，也可为黎族服饰文化的跨界传播提供新思路，为海南文创产业注入创新活力。

著者

2025年2月